建筑垃圾及工业固废资源化利用丛书

建筑垃圾及工业固废再生水泥

总 主 编　卢洪波　廖清泉
本册主编　李蕾蕾　杜晓蒙　冯泽平

图书在版编目（CIP）数据

建筑垃圾及工业固废再生水泥/李蕾蕾，杜晓蒙，冯泽平主编．—北京：中国建设科技出版社有限责任公司，2024.12.—（建筑垃圾及工业固废资源化利用丛书）．—ISBN 978-7-5160-4318-9

Ⅰ.TQ172.7

中国国家版本馆CIP数据核字第2024ZU5782号

建筑垃圾及工业固废再生水泥
JIANZHU LAJI JI GONGYE GUFEI ZAISHENG SHUINI

总 主 编 卢洪波 廖清泉
本册主编 李蕾蕾 杜晓蒙 冯泽平

出版发行：	中国建设科技出版社有限责任公司
地　　址：	北京市西城区白纸坊东街2号院6号楼
邮　　编：	100054
经　　销：	全国各地新华书店
印　　刷：	北京雁林吉兆印刷有限公司
开　　本：	787mm×1092mm　1/16
印　　张：	9.75
字　　数：	200千字
版　　次：	2024年12月第1版
印　　次：	2024年12月第1次
定　　价：	78.00元

本社网址：www.jskjcbs.com，微信公众号：zgjskjcbs
请选用正版图书，采购、销售盗版图书属违法行为
版权专有，盗版必究。 本社法律顾问：北京天驰君泰律师事务所，张杰律师
举报信箱：zhangjie@tiantailaw.com　　举报电话：（010）63567684
本书如有印装质量问题，由我社事业发展中心负责调换，联系电话：（010）63567692

《建筑垃圾及工业固废资源化利用丛书》编委会

主　　任　杨朝飞（中华环保联合会副主席、生态环境部原总工程师）
副 主 任　谢玉红（中华环保联合会副主席兼秘书长）
　　　　　高　原（中华环保联合会固危废及土壤污染治理专业委员会秘书长）
　　　　　冯建勋（河南省人大环境与资源保护委员会副巡视员）
　　　　　尹伯悦（住房城乡建设部教授级高工）
　　　　　解　伟（华北水利水电大学原副校长）
　　　　　谢敬佩（河南科技大学原副校长）
　　　　　甘　勇（郑州工程技术学院党委书记）
　　　　　翟　滨（中国环保产业研究院常务副院长）
　　　　　侯建群（清华大学建筑设计研究院副院长）
　　　　　富志勇（中际晟丰环境工程技术集团有限公司董事长）

编　　委	杨留栓（河南城建学院副院长）
	尹青亚（河南建筑材料研究设计院有限责任公司董事长）
	范红军（郑州工程技术学院土木工程学院院长）
	康智明（中国电建集团西北勘测设计研究院有限公司副总工程师）
	雷永智（中国电建集团西北勘测设计研究院有限公司/城建与交通工程院院长）
	徐　平（河南理工大学土木工程学院副院长）
	尹国军（清华大学建筑设计研究院副研究员）
	徐　剑（湖南建工环保有限公司董事长）
	王广志（万科集团万创青绿环境科技有限公司董事长）
	蒋志江（中际晟丰环境工程技术集团有限公司总经理）
	傅志昌（福建卓越鸿昌环保智能装备股份有限公司董事长）
总 主 编	卢洪波　廖清泉
参编人员	李克亮　卢　鹏　廖亦聪　杜晓蒙　罗　晔　刘应然

《建筑垃圾及工业固废再生水泥》编者名单

主　　编　李蕾蕾　杜晓蒙　冯泽平

参编人员　邱志辉　李　莉　徐　锋　穆　婷　郭　佳
　　　　　苗雷杰　汤　雷　徐王腾　白敬莉　康　抗

参编单位　中国电建集团西北勘测设计研究院有限公司
　　　　　郑州鼎盛工程技术有限公司
　　　　　郑州鼎盛高新能源工程技术有限公司

总 序

随着社会和经济的蓬勃发展，大规模的现代化建设已使我国建材行业成为全世界资源、能源用量最大的行业之一，因此人们越来越关注建材行业本身资源、能源的可持续发展和环境保护问题。而工业化的迅速发展又产生了大量的工业固体废弃物，建筑垃圾和工业固体废弃物虽然在现代社会的经济建设发展中必然产生，但是大部分仍然具有资源化利用价值。科学合理地利用其中的再生资源，可以实现建筑废物的资源化、减量化和无害化，也可以减少对自然资源的过度消耗，同时还保护了生态环境，美化了城市，更能够促进当地经济和社会的良好发展，具有较大的经济价值和社会效益，是我国发展低碳社会和循环经济的不二之选。

我国早期建筑垃圾处理方式主要是堆放与填埋，实际资源化利用率较低。现阶段建筑垃圾资源化利用，比较成熟的手段是将其破碎筛分后生成再生粗细骨料加以利用，制备建筑垃圾再生制品，而工业固体废弃物由于内部具有大量的硅铝质成分，经碱激发之后可以作为绿色胶凝材料辅助水泥使用，用以制备再生制品。

为了让更多人了解建筑垃圾及工业固废资源化利用方面的政策法规、工程技术和基本知识，帮助从事建筑垃圾及工业固废资源化利用人员、企业管理者、大学生、环保爱好者等解决工作之急需，真正实现建筑垃圾及工业固废的"减量化、资源化、无害化"，变有害为有利，郑州鼎盛工程技术有限公司联合全国各地的科研院所、高校和企业界专家编写和出版了《建筑垃圾及工业固废资源化利用丛书》，体现了公司、行业专家、企业家和高校学者的社会责任感。这一项目不但填补了国内建筑垃圾及工业固废资源化利用领域的空白，而且对我国今后建筑垃圾及工业固废资源化利用知识普及、科学处理和处置具有指导意义。

该丛书根据建筑垃圾及工业固废再生制品的类型及目前国内最新成熟技术编写，具体分为《建筑垃圾及工业固废再生砖》《建筑垃圾及工业固废筑路材料》《建筑垃圾及工业固废再生砂浆》《建筑垃圾及工业固废再生墙板》《建筑垃圾及工业固废再生混凝土》《建筑垃圾及工业固废预制混凝土构件》《建筑垃圾及工业固废再生水泥》《城市建筑垃圾治理政策与效能评价方法研究》8个分册。

这套丛书根据各类建筑垃圾及工业固废再生制品的不同，详细介绍了如何利用建筑垃圾及工业固废生产各种再生制品技术，以最大限度地消除、减少和控制建筑垃圾及工业固废造成的环境污染为目的。全国多名专家学者和企业家在收集并参考大量国内外资料的基础上，结合自己的研究成果和实际操作经验，编写了这套具有内容广泛、结构严谨、实用性强、新颖易读等特点的丛书，具有较高的学术水平和环保科普价值，是一套贴近实际、层次清晰、可操作性强的知识性读物，适合从事建筑垃圾及工业固废行业管理、处置施工、技术研发、培训教学等人员阅读参考。相信该丛书的出版对我国建筑垃圾及工业固废资源化利用、环境教育、污染防控、无害化处置等工作会起到一定的促进作用。

中华环保联合会副主席
生态环境部原总工程师

杨朝飞

2019 年 5 月

前　言

2030年碳达峰和2060年碳中和展现了我国应对气候变化的坚定决心，将会推动我国经济结构和经济社会运转方式产生深刻变革，环境规制的范围将进一步从高污染行业扩大到高排放行业，在未来40年将极大地促进我国产业链的清洁化和绿色化。因此，高效资源化利用建筑垃圾和工业固体废弃物，将有利于促进我国生态文明建设、"无废社会"建设、生态保护与高质量发展。

再生水泥又称碱激发胶凝材料，是一种新型的无机胶凝材料。它是利用具有火山灰活性或潜在水硬性的材料与碱性激发剂反应而成的一类胶凝材料，具有较好的强度、抗渗性、耐久性和耐酸碱腐蚀等性能。其制备过程工艺简单，能耗和碳排放量低，可资源化利用粒化高炉矿渣、粉煤灰、建筑垃圾、钢渣、赤泥、工业副产石膏等固体废弃物，是环境友好型的绿色胶凝材料。

基于此，本书编者特组织多位有丰富经验的建筑垃圾和工业固废资源化利用科研工作者和企业管理者，将他们积累多年的宝贵经验与建筑垃圾行业的发展变化相结合，编写了《建筑垃圾及工业固废再生水泥》一书。本书主要介绍如何利用建筑垃圾和工业固体废弃物来制备再生水泥、低碳水泥、超细复合掺合料，以及再生水泥生产工艺及应用研究，以期能解决再生水泥实际生产、使用过程中的相关问题。

在此向为本书的编写工作提供帮助的企业及技术人员一并表示感谢。希望本书能对已经从事或即将涉足建筑垃圾及工业固废资源化利用的企业和技术人员有所帮助和借鉴。

由于编者水平有限，本书中难免有不妥之处，希望同行批评指正。

编　者
2024年10月

目 录

1 绪论 ·· 1
   1.1 研究背景与意义 ·· 1
   1.2 不同历史时期胶凝材料的发展 ·· 2
   1.3 不同时期建筑垃圾的特点 ·· 8
   参考文献 ·· 9

2 再生微粉的生产 ·· 11
   2.1 建筑垃圾的处理与处置 ·· 11
   2.2 再生微粉的高值化利用 ·· 21
   2.3 再生微粉性能研究 ·· 46
   参考文献 ·· 52

3 建筑垃圾及工业固废制备再生水泥 ·· 53
   3.1 原材料及技术路线 ·· 53
   3.2 矿渣-再生微粉基再生水泥材料优选 ·· 54
   3.3 矿渣-再生微粉基再生水泥水化产物微观分析 ································ 79
   3.4 矿渣-再生微粉基再生水泥混凝土耐久性研究 ································ 82
   参考文献 ·· 87

4 建筑垃圾及工业固废分别粉磨配制低碳水泥 ·· 89
   4.1 低碳水泥背景介绍 ·· 89
   4.2 低碳水泥及原材料性能介绍 ·· 92
   4.3 试验研究 ·· 95
   4.4 工艺特点 ·· 101
   4.5 效益分析 ·· 102
   参考文献 ·· 104

5 建筑垃圾及工业固废制备超细复合掺合料 ... 106
5.1 矿物掺合料定义及介绍 ... 106
5.2 再生微粉掺合料试验研究 ... 106
5.3 超细复合掺合料试验研究 ... 121
参考文献 ... 125

6 再生水泥生产工艺 ... 126
6.1 再生水泥生产工艺设计 ... 126
6.2 低碳水泥生产工艺设计 ... 131
参考文献 ... 134

7 再生水泥应用研究 ... 135
7.1 再生水泥浇筑路面混凝土 ... 135
7.2 再生水泥制备免烧砖 ... 140
7.3 小结 ... 142
参考文献 ... 143

1 绪 论

1.1 研究背景与意义

2030 年碳达峰和 2060 年碳中和，展现了我国应对气候变化的坚定决心，将对中国经济结构和经济社会运转方式产生深刻变革，环境规制的范围将进一步从高污染行业扩大到高排放行业，在未来 40 年将极大地促进我国产业链的清洁化和绿色化。但要在短短 40 年内分别实现碳达峰和碳中和无疑是一种自我加压的主动行为[1]。

2020 年，我国水泥产量 23.77 亿 t，约占全球 55%，排放 CO_2 约 14.66 亿 t，约占全国碳排放总量的 14.3%。吨水泥、吨水泥熟料 CO_2 排放量分别约为 616.6kg、865.8kg。水泥行业面临的减排压力非常严峻，任务非常艰巨。水泥等行业即将纳入全国碳排放权交易，将对我国水泥工业及其运行产生重大而深远影响。

目前，我国水泥企业全部采用了新型干法生产技术，整体处于国际先进水平。分析单位水泥碳排放的构成与减排潜力，生产 1t 水泥过程中，其中生料煅烧石灰石分解 CO_2 约 376.7kg，熟料耗煤排放 CO_2 约 193kg，综合耗电（扣除余热发电）折算碳排放约 46.9kg。水泥是由水泥熟料掺加矿渣、粉煤灰、石灰石等混合材与少量石膏混合粉磨制成，熟料生产过程中碳排放约占水泥碳排放的 92%。

根据行业现状和以上分析，水泥行业通过现有节能及替代石灰石原料技术（因耗量巨大且替代资源很有限）减碳空间有限。大概率预计，未来 5 年关键窗口期，单位水泥碳排放平均降幅要达到 5%，须付出巨大努力。2030—2035 年难以实现相关国际机构拟定的目标"520kg CO_2/t 至 524kg CO_2/t 水泥"，至于水泥工业实现碳中和与 CSI 等拟定的"单位水泥减碳 40%"的目标，则期待颠覆性技术出现[2]。

国际能源机构 IEA 和 CSI 提出了水泥发展最重要的方向是由生产普通波特兰水泥转向生产混合水泥，用混合材料替代部分熟料。目前 C30 及高性能混凝土中水泥熟料系数在 0.5 以下。为降低单位水泥碳排放，提高建筑物耐久性与社会及经济效益，重点推广低熟料用量的商品混凝土专用混合水泥和"较高 C_2S、适中 C_3S、低 C_3A 熟料"制备的通用硅酸盐水泥。本书主要讲述的是在该政策环境下具有显著优势的一种再生水泥。

再生水泥，又称碱激发胶凝材料，是一种新型的无机胶凝材料。它是用具有火山灰活性或潜在水硬性的材料与碱性激发剂反应而成的一类胶凝材料。研究和实践证明，碱激发胶凝材料具有较好的强度、抗渗性、耐久性和耐酸碱腐蚀等性能。其制备过程工艺简单，能耗和碳排放量低，资源化利用粒化高炉矿渣、粉煤灰、建筑垃圾、钢渣、赤泥、副产品石膏等固体废弃物，是环境友好型的绿色胶凝材料。在苏联、澳大利亚、法国、美国、中国等国家的房屋建筑、厂房、工程抢险加固、预制构件、公路路面、机场跑道、军事工程、水渠、铁路轨枕、有害废弃物固化等领域中有成功的应用。按照上述减排路径配套制定有关政策，再生水泥的减排效果远远超过节能技术及其他措施。

1.2　不同历史时期胶凝材料的发展

1.2.1　世界胶凝材料发展史

在水泥发明前的岁月中，人类最初采用黏土作胶凝材料。古埃及人采用尼罗河的泥浆砌筑未经煅烧的土砖。为增加强度和减少收缩，在泥浆中还掺入砂子和草。用这种泥土建造的建筑物不耐水，经不住雨淋和河水冲刷，但在干燥地区可保存许多年。

大约在公元前3000年至公元前2000年间，古埃及人开始采用煅烧石膏作建筑胶凝材料，埃及古金字塔的建造中使用了煅烧石膏。公元前30年，古埃及人使用煅烧石膏来砌筑建筑物。古希腊人与古埃及人不同，在建筑中所用胶凝材料是将石灰石经煅烧后而制得的石灰。

公元前146年，罗马帝国吞并希腊，同时继承了希腊人生产和使用石灰的传统。古罗马人对石灰使用工艺进行过改进，在石灰中不仅掺砂子，还掺磨细的火山灰，在没有火山灰的地区，则掺入与火山灰具有同样效果的磨细碎砖。这种砂浆在强度和耐水性方面较"石灰、砂子"的二组分砂浆都有很大改善，用其砌筑的普通建筑和水中建筑都较耐久。有人将"石灰、火山灰、砂子"三组分砂浆称为"罗马砂浆"。罗马人制造砂浆的知识传播较广。在古代，法国和英国都曾普遍采用这种三组分砂浆，用它砌筑各种建筑。

18世纪中叶，英国航海业已经比较发达，为避免海难事故，采用灯塔进行导航。因此寻找抗海水侵蚀的材料和建造耐久的灯塔成为18世纪50年代英国经济发展中的当务之急。被尊称为"英国土木之父"的工程师史密顿（J. Smeaton）应聘承担建设灯塔的任务。1756年，史密顿在建造灯塔的过程中，研究发现含有黏土的石灰石经煅烧和细磨处理后，加水制成的砂浆能慢慢硬化，在海水中的强度较"罗马砂浆"高得多，能耐海水的冲刷。史密顿使用新发现的砂浆建造了举世闻名的普利茅斯港的漩岩（Eddystone）大灯塔。用含黏土、石灰石制成的石灰被称为水硬性石灰。史密顿的这一发现是水泥发明过程中知识积累的一大飞跃，不仅对英国航海业作出了贡献，也对"波特兰水泥"的发明起到了重要作用。

1796年，英国人派克（J. Parker）将黏土质石灰岩磨细后制成料球，在高于烧石灰的温度下煅烧，然后磨细制成水泥。派克称这种水泥为"罗马水泥"（Roman cement），并取得了该水泥的专利权。"罗马水泥"凝结较快,可用于与水接触的工程,在英国曾得到广泛应用,一直沿用到被"波特兰水泥"所取代。

英国人福斯特(J. Foster)是一位致力于水泥的研究者。他将两份质量白垩和一份质量黏土混合后加水磨成泥浆送入料槽进行沉淀,置沉淀物于空气中干燥,然后放入石灰窑中煅烧,温度以料中碳酸气完全挥发为准,烧成的产品呈浅黄色,冷却后细磨成水泥。福斯特称该水泥为"英国水泥"(British Cement),于1822年10月22日获得英国第4679号专利。

1824年10月21日,英国利兹(Leeds)城的泥水匠阿斯普丁(J. Aspdin)获得英国第5022号的"波特兰水泥"专利证书,从而一举成为流芳百世的水泥发明人。该水泥水化硬化后的颜色类似于英国波特兰地区建筑用石料的颜色,所以被称为"波特兰水泥"。

在英国,与阿斯普丁同一时代的另一位水泥研究天才是强生(I. C. Johnson),他是英国天鹅谷怀持公司的经理,专门制造"罗马水泥"和"英国水泥"。1845年,强生在实验中偶然发现确定水泥制造的两个基本条件,这样确保了"波特兰水泥"的质量,解决了阿斯普丁无法解决的质量不稳定问题。从此,现代水泥生产的基本参数确定了下来。

1909年,强生98岁高龄时,向英国政府提出申诉,说他于1845年制成的水泥才是真正的"波特兰水泥",阿斯普丁并未做出质量稳定的水泥,不能称他为"波特兰水泥"的发明者。然而,英国政府没有同意强生的申诉,仍旧维持阿斯普丁具有"波特兰水泥"专利权的决定。英国和德国的同行们对强生的工作有很高评价,认为他对"波特兰水泥"的发明作出了不可磨灭的重要贡献。

碱激发胶凝材料的由来可以追溯到1957年位于乌克兰基辅的一家建筑工学院(现基辅国立建筑工业与设计大学)格鲁荷夫斯基(Glukhovsky)教授的研究工作,他将碎石、磨细锅炉渣或高炉矿渣,或生石灰加高炉矿渣和硅酸盐水泥(或不加)混合后,再用氢氧化钠溶液或水玻璃溶液调制成浆体,得到强度高达120MPa、稳定性好的胶凝材料。他把这种与硅酸盐水化产物相差较大的胶凝材料命名为土壤水泥。1960年,在苏联已形成碱矿渣水泥和混凝土的生产性试验,1962年投入使用,1964年达到工业化生产,1965年制订土壤水泥的技术条件,1972年大规模投入生产,1976年获得该材料的第一例专利。

20世纪70年代,法国的Joseph Davidovits教授研究发现埃及金字塔的"石块"中有方沸石($Na_2O \cdot Al_2O_3 \cdot 4SiO_2 \cdot 2H_2O$)存在,他认为古代埃及人在建造金字塔时,把石灰石、石灰、能形成沸石的材料(高岭土、粉土等)、天然碳酸钠(泡碱,$Na_2CO_3 \cdot 10H_2O$)和水浇筑到模具(由木头、石头、土或者砖制成)里,使其发生化学反应、硬化成块体。Joseph Davidovits使用上述材料制备出和金字塔"石块"具有基本一致化学成分的混凝土。证明金字塔浇筑学说所进行的试验研究取得的一个成果就是发现了一种新型碱激发胶凝材料。

1979年，Joseph Davidovits提出Geopolymer这个术语，来描述地质聚合物这种新型的碱激发材料。Geopolymer目前较多地被翻译成地质聚合物，也有一些学者使用地质聚合物、土壤聚合物、矿物聚合物、无机聚合物或土聚水泥等术语。

因为波特兰水泥制备的混凝土环境协调性较差。HPC在1990年由美国正式提出，立即受到全世界关注，被称为"21世纪混凝土"。HPC是一种新型高技术混凝土，是在大幅度提高常规混凝土性能的基础上，采用现代混凝土技术，选用优质原料，在妥善的质量管理条件下所制成的，除水泥、骨料、水以外，必须采用低水胶比，掺加足够的细掺料与高效外加剂[3]。

我国已故院士吴中伟先生提出了绿色混凝土GHPC的概念。绿色的内涵主要有：节约资源、能源；不破坏环境，更应有利于环境；可持续发展，既满足当代人的需求，又不危及后代人的需求。

GHPC主要特征有以下几点：GHPC更多地节约熟料水泥；更多地掺加以工业废渣为主的活性细掺料；更大地发挥高性能优势，减少水泥混凝土的用量。

1.2.2 国内胶凝材料发展史

早在公元前5000至公元前3000年的新石器时代的仰韶文化时期，就有人用"白灰面"涂抹山洞、地穴的地面和四壁，使其变得光滑和坚硬，"白灰面"因呈白色粉末状而得名，它由天然姜石磨细而成。姜石是一种二氧化硅含量较高的石灰石块，常夹杂在黄土中，是黄土中的钙质结核。"白灰面"是至今被发现的中国古代最早的建筑胶凝材料。

商代地穴建筑迅速向木结构建筑发展，此时除继续用"白灰面"抹地以外，开始采用黄泥浆砌筑土坯墙。在公元前476至公元前221年的战国时代，出现用草拌黄泥浆筑墙，还用它在土墙上衬砌墙面砖。在中国建筑史上，"白灰面"很早就被淘汰了，而黄泥浆和草拌黄泥浆作为胶凝材料一直沿用到近代社会。

周朝时出现了石灰，周朝的石灰是用大蛤的外壳烧制而成。蛤壳主要成分是碳酸钙，将它煅烧到气体全部逸出即成石灰。到秦汉时代，石灰制造业迅速发展，纷纷采用各地都能采集到的石灰石烧制石灰。在汉代，石灰的应用已很普遍，采用石灰砌筑的砖石结构能建造多层楼阁。

中国万里长城修筑于春秋战国时期，先后有20多个朝代主持或参与建造。秦、汉、明三个朝代修筑最长，在这三个朝代，石灰胶凝材料已发展到较高水平，大量用于修建长城。后人发现长城的许多地段是用石灰砌筑而成的。

在中国南北朝时期，出现一种名叫"三合土"的建筑材料，它由石灰、黏土和细砂所组成。到明代，有石灰、陶粉和碎石组成的"三合土"。在清代，除石灰、黏土和细砂组成的"三合土"外，还有石灰、炉渣与砂子组成的"三合土"。

中国古代建筑胶凝材料发展中一个鲜明的特点是采用石灰掺有机物的胶凝材料,如"石灰-糯米""石灰-桐油""石灰-血料""石灰-白芨"以及"石灰-糯米-明矾"等。另外,在使用"三合土"时,掺入糯米和血料等。

据民间传说,秦代修筑长城时,采用糯米汁砌筑砖石。考古发现,南北朝时期的河南邓县的画像砖墙是用含有淀粉的胶凝材料衬砌;河南登封的少林寺,北宋宣和二年(1120年)、明弘治十二年(1499年)和明嘉靖四十年(1561年)等不同年代的塔,在建造时都采用了掺有淀粉的石灰作胶凝材料。

明代修筑的南京城是世界上规模最大的砖石城垣,以条石为基,上筑夯土,外砌巨砖,用石灰作胶凝材料,在重要部位则用石灰加糯米汁灌浆,城垣上部用桐油和土拌和结顶,非常坚固。

据历史资料考证:中国最早的水泥厂是1886年的澳门青洲英坭厂;唐山细绵土厂始创于1889年,比澳门的青洲英坭厂晚了3年,是中国人开办的第一个水泥厂。

中国建材研究院在1956年开始研究石膏矿渣水泥。这种水泥是由粒化高炉矿渣、硫酸盐激发剂石膏、碱性激发剂石灰或硅酸盐水泥熟料共同磨制而成。1961年制定出该水泥的部颁标准(JC31—61);20世纪60年代,在武汉、成都和南昌等地进行过批量生产与使用。然而,这种水泥存在凝结慢、养护条件苛刻、性能波动大和大气稳定性差等问题。

在武汉钢铁公司一个车间工程的建设中采用了石膏矿渣水泥作梁柱结构,建成后发现其表面起砂严重,大气稳定性差,不得不将该结构件拆除,造成了很大损失。自20世纪60年代末,石膏矿渣水泥在我国水泥生产的品种系列中逐渐销声匿迹。

无熟料水泥是指不含或少含水泥熟料的水泥。它们主要由非熟料基础材料和活性激发剂组成,有些品种除这两种组分外还掺入一定量的促硬剂。

对于硅酸盐水泥的生产,简而言之是一个"二磨一烧"的过程,需要大量的能耗、物耗,并且产生废气和粉尘排放。随着人们赖以生存的资源逐渐减少和生态环境的不断恶化,人们对生态环境的保护越来越重视。硅酸盐水泥与资源、环境的不协调性矛盾逐渐显现出来。20世纪70年代到80年代,我国建材、冶金和建工等部门的科研单位和高等学校开展了以碱矿渣水泥为代表的无熟料、少熟料水泥的大量研究开发工作,还进行过小型工程的试用。由于耐久性问题未能解决,碱矿渣水泥在我国至今未能大面积推广应用。

"凝石"由冶金矿渣、粉煤灰和赤泥等工业副产品与激发剂配制而成,具有高强、高抗渗和耐腐蚀性强等特性,在组成和性能上都类似于无熟料水泥。

2003年,孙恒虎和徐跃峰成立北京蓝资凝石科技有限公司,开发和生产"新式水泥",即凝石。同年7月,该项目被列入"863"计划。2005年8月12日通过了教育部组织的技术鉴定,同年8月26日通过了科技部的验收。

在通过鉴定和验收的同时,国内建材界的质疑之声就不绝于耳。由于凝石缺乏大量的工程应用案例、经验数据支撑,且未能组织大量生产和推广应用,故无法达到取代通用硅酸盐水泥的目标。

2004年,由中国建材行业协会和南京工业大学联合主办,南京工业大学材料学院承办的第一届全国化学激发胶凝材料研讨会于2004年11月9日上午9时在南京市开幕,本次研讨会为期3天,共有26位代表做了专题报告和普通报告,报告内容涉及化学激发胶凝材料的原料、制备工艺与技术,物理化学性能与工程应用,形成与胶凝性的物理化学原理,技术经济与发展战略等研究方面。

1.2.3 碱激发胶凝材料工程应用实例

碱激发胶凝材料在新建机场及跑道修复、路面抢修、预制构件、办公和零售大楼、3D打印、飞机和赛车、有害废弃物处理、抗震救灾工程中都有良好的应用。

(1) 新建机场及跑道修复

2014年11月,第一个拥有3万多立方米、低碳、无水泥地质聚合物混凝土机场——澳大利亚布里斯班的Wellcamp机场开业,地质聚合物混凝土用于浇筑滑行跑道、停机坪、路缘石、桥梁和涵洞。

西藏邦达机场位于西藏昌都地区,跑道长5500m,宽45m,飞行区等级4D,海拔4334m,是世界上跑道最长、海拔高度第二的军民合用机场。该地区自然环境异常恶劣,紫外线辐射强烈,干旱少雨。机场历经20余年的使用,道面破损严重,尤其是冻融造成的大面积脱皮、空洞、断裂、冻胀、错台、掉边掉角等病害,已严重影响飞行安全。采用碱激发胶凝材料混凝土对跑道全长进行修复,修复总面积18.9万 m^2 ,胶凝材料选定为Ⅰ型4.0级。

(2) 路面抢修

碱激发胶凝材料混凝土按用途可以分为抢修混凝土和抢建混凝土,抢修混凝土初凝时间只有20~40min,通常情况下使用抢修一体化施工车。2019年6月,悉尼市议会与新南威尔士大学和瓦格纳斯混凝土公司合作,在悉尼一条繁忙的街道上铺设了15m的碱激发胶凝材料混凝土。

(3) 预制构件

碱激发胶凝材料是一类具有火山灰活性或潜在水硬性的材料,可以与碱性激活剂之间发生水化反应获得强度。常见的碱激发剂主要是碱性硅酸盐溶液如水玻璃或氢氧化钠或两者的混合物等,其硬化产物为硅氧四面体和铝氧四面体聚合的三维网络胶凝体系,与传统水泥有本质区别,但其抗压强度与传统水泥类似,抗弯强度高30%,耐酸、碱、硫酸盐以及氯离子侵蚀性均高于传统水泥,同时水化热更低。澳大利亚昆士兰大学的全球气候变化研究所中就使用了该种材料的预制构件作为其楼板[4]。

(4) 办公和零售大楼

1988年用安阳钢渣水泥厂生产的硫酸钠-激发钢渣硅酸盐水泥在河北省银山县建了一座6层8.6m×31.5m的办公和零售大楼。设计的抗压强度是20MPa。混凝土的配合比是水泥：砂：破碎石灰石：水＝1：1.8：4.23：0.44。混凝土混合料是用一个小型搅拌机搅拌的，其坍落度为30～50mm。其建筑为现场浇筑的整体结构。边模在浇筑1d后拆除，底模在浇筑7d后拆除。建筑的表面非常光滑，没有任何可见的裂缝。实际测试的28d平均强度为24.1MPa，比设计强度高出20%。硫酸钠激发钢渣硅酸盐水泥的强度在28d后将继续增强。

（5）3D打印

2017年新加坡南洋理工大学成功用粉煤灰制造出一种可3D打印的地质聚合物砂浆。斯文本科技大学的碱激发胶凝材料3D打印工艺可持续基础设施中心获得了澳大利亚混凝土研究所（CIA）颁发的"技术与创新卓越奖"。

（6）飞机和赛车

美国联邦航空局（F.A.A）把碱激发胶凝材料复合物技术应用到飞机舱内。基于碱激发胶凝材料的GEOPOLY-THERM技术具有不燃烧性、没有燃烧气体、没有毒性、没有烟雾放出、不放热等特性，并被英国海军和美国海军应用。从1985年起，法国和英国核电站装备空气过滤器，其中的连接件和密封件用碱激发胶凝材料制造，在500℃高温下性能稳定。国际汽车大奖赛1994—1995赛季，碳纤维-碱激发胶凝材料复合材料取代钛金属用在了F1赛车的排气装置中，经受住了猛烈的震动和高温（700℃）。

（7）有害废物处理

1998年，在德国WISMUT的污水处理厂使用碱激发胶凝材料固化处理了30吨低辐射废物。由于减少了准备、操作、封闭等工作环节，碱激发胶凝材料固化的造价与传统水泥造价相近。1977—1985年，B. Talling和J. Osterbacka用碱激发胶凝材料密封了8000桶蒸馏残渣，蒸馏残渣中含有50%的有机物、无机物和重金属。

（8）抗震救灾工程

2013年4月20日，雅安芦山县发生了7.0级地震，位于震中的太平镇太平中学和希望小学校舍损毁严重，致使近600名学生无法上课，为尽快复课，芦山县抗震救灾指挥部决定在太平中学操场上紧急搭建供600名学生上课的临时板房。该工程采用碱激发胶凝材料混凝土快速浇筑板房圈梁基础，加快了板房的搭建速率，提前7d完成了2000m^{2}板房的搭建任务[5-6]。

（9）岛礁建设用新型建筑材料

支持南海岛礁建设用海水拌养型混凝土产业化，珊瑚礁、砂骨料海水拌养混凝土就地取材利用率大于75%，28d抗压强度不低于50MPa，劈裂抗拉强度大于5.0MPa，海水拌养型混凝土年产能达到20万m^3，并在南海岛礁建设中实现示范应用；支持适用于南海岛礁建设的新型墙体材料产业化，耐火等级达到A级，抗压强度大于10MPa，抗折强度大于2.5MPa，墙体材料吸水率不大于15%，热惰性大于2.5cal/cm^2·gC·s，新型墙体材料单线年产能达到10万m^3，墙体制品在南海岛礁建设中实现示范应用。其中碱激发胶凝材料在海工混凝土中的应用见图1-1[7]。

图1-1 碱激发胶凝材料在海工混凝土中试应用

1.3 不同时期建筑垃圾的特点

（1）建筑垃圾资源化1.0模式

2010年以前，建筑垃圾处理处置基本处于1.0模式，以原始处置技术和简易小作坊模式为主，这种方式不仅会造成大量资源浪费，同时也占用了大量的土地，污染环境，最终造成"垃圾围城"现象，形成城市发展的"后遗症"，属于粗放式利用且污染严重阶段。

其典型特征为：规模小、设备简陋、环保差或无环保设施、处置工艺简单、处置企业无正规手续、再生产品简单、技术含量低、附加值低，如图1-2所示。

（2）建筑垃圾资源化2.0模式

2011—2015年，建筑垃圾处理处置基本处于2.0模式。此时以正规固定设施处置为主，环保基本达标，资源化率一般在80%以上，由于未采用分类分离技术及装备，仍属于粗放式利用阶段，盈利能力差且不稳定。

其典型特征为：具备一定规模、未采用分类分离技术及装备、粗放式处置模式、环保设施水平部分达标、可生产一般附加值的透水砖及各类市政产品、处置企业受政府监管，如图1-3所示。

图1-2 建筑垃圾资源化1.0模式

图1-3 建筑垃圾资源化2.0模式

（3）建筑垃圾资源化 3.0 模式

2016—2019 年，建筑垃圾处理水平有所提高，处理处置处于 3.0 模式。在此期间以固定设施处置为主，资源化率平均在 90% 以下，资源化过程基本实现环保达标，盈利模式在很大程度上依靠政府补贴，产品市场化竞争力能力一般[8]。

其典型特征为：有特许经营许可证、清运和处置一体化、环保符合排放标准、以制砖为代表进行一定程度的深度资源化利用、具备一定规模、处置工艺进一步优化、进行简易分离分选。如图 1-4 所示。

（4）建筑垃圾处理处置 4.0 模式

2020 年至今，郑州鼎盛工程技术有限公司创造性地提出建筑垃圾资源化利用"一拖三"模式（图 1-5），即"一个建筑垃圾分离工段"拖"三个处置单元"（图 1-6）。

图 1-4 建筑垃圾资源化 3.0 模式

图 1-5 建筑垃圾资源化 4.0 模式

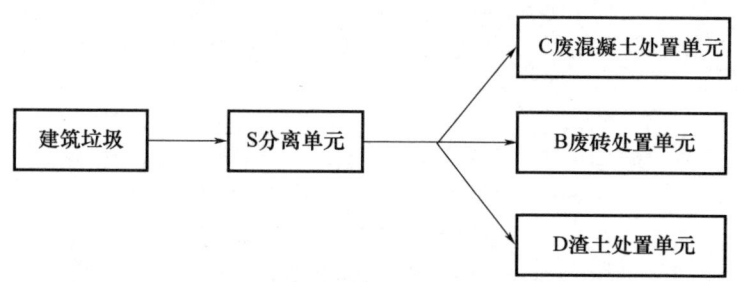

图 1-6 建筑垃圾资源化利用"一拖三"模式

以郑州鼎盛公司"一拖三＋N"模式为基础，以材料超细粉磨、不同固废材料配伍激发性能协同资源化利用为核心，以高度自动化、模块化、智能化、信息化现代装备体系为支撑点，立足分类创造价值的设计理念，将建筑固废与工业固废协同处置，获得高附加值全建材产业链产品，资源化利用率高达 98%，由于技术先进、利润空间大，产品有强大的市场竞争力，盈利模式可以不再依靠政府补贴而是进行市场化运营，经济效益显著。

参考文献

[1] 罗雷, 郭旸旸, 李寅明, 等. 碳中和下水泥行业低碳发展技术路径及预测研究 [J]. 环境科学研

究，2022（1）：1-17.

[2] 马永仓．新形势下加强水泥行业环保工作思考［J］．散装水泥，2021（5）：6-8.

[3] 沈卫国，周明凯，吴少鹏．胶凝材料的过去现在和将来［J］．房材与应用，2004，（1）：11-14.

[4] 丁锐，何月，李星辰．碱激发胶凝材料的研究现状［J］．混凝土与水泥制品，2021（7）：7-11.

[5] 叶家元．碱激发胶凝材料的昨天、今天和明天——从事低碳胶凝材料研究的体会与思考［J］．中国建材，2015（2）：98-101.

[6] 徐彬，蒲心诚．古代混凝土的卓越耐久性与碱矿渣水泥的发展前景［J］．房材与应用，1997，(4)：23-25.

[7] 蒲心诚．碱矿渣水泥与混凝土［M］．北京：科学出版社，2010.

[8] 高强，李翰弘，孙飞，等．建筑垃圾的研究应用与发展状况［J］．四川建材，2021，47（10）：32-34.

2 再生微粉的生产

建筑垃圾再生微粉是生产再生建筑材料的一种主要原材料，用以替代部分水泥并全部或大部分替代粉煤灰，起到降低成本、充分消耗建筑垃圾的作用。通过粉磨的机械活化作用制备的高活性再生微粉与水泥混合使用时具有较好的反应活性，可作为基础材料复配矿粉、粉煤灰等生产绿色胶凝材料，用时还可用来配制复合矿物掺合料用以生产不同等级和性能的预拌混凝土。但传统建筑垃圾组成及成分复杂，利用价值较低，需经过一定的处理与处置后才能转化为合格的建筑原材料。本章主要介绍用来制备建筑垃圾再生微粉的各种设备及不同工艺并系统阐述再生微粉的高值化利用措施及性能研究。

2.1 建筑垃圾的处理与处置

2.1.1 建筑垃圾筛分设备

建筑垃圾整套筛分及辅机系统包括振动筛分喂料机、胶带输送机、YK 圆振动筛、收尘器及洗砂机。本节主要介绍筛分设备——振动筛分喂料机与 YK 圆振动筛。

1. 振动筛分喂料机

ZSW 振动筛分喂料机（图 2-1）具有振动平稳、工作可靠、寿命长等特点，可为破碎机连续、均匀喂料，并对物料进行筛分，广泛应用于建筑垃圾破碎、筛分联合设备中。

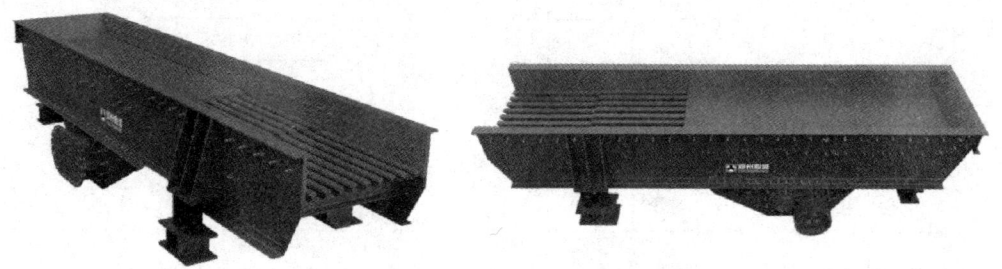

图 2-1 郑州鼎盛 ZSW 振动筛分喂料机

（1）振动筛分喂料机工作原理和用途

① 工作原理。ZSW 系列振动喂料机主要由弹簧支架、给料槽、激振器、弹簧及电动机等组成。激振器是由两个特定位置的偏心轴以齿轮啮合方式组成，装配时必须使两

齿轮按标记相啮合，通过电动机驱动，使两偏心轴旋转，从而产生巨大的合成直线激振力，使机体在支承弹簧上做强制振动，物料则以此振动为主动力，在料槽上做滑动及抛掷运动，从而使物料前移达到给料的目的[1]。当物料通过槽体上的筛条时，较小的料通过筛条间隙落下，可不经过下道破碎工序，起到了筛分的效果。

② 用途。

A. 粗碎破碎机前连续、均匀地给料，在给料的同时可筛分细料，使破碎机能力增强。

B. 在工作过程中可把块状、颗粒状物料从储料仓中均匀、定时、连续地送入受料装置。

C. 在砂石生产线中为破碎机械连续均匀地喂料，避免破碎机受料口的堵塞。

D. 可对物料进行粗筛分，其中的双筛分喂料机可以除去来料中的土和其他细小杂质。

(2) 设备特点

① 振动电机为激振器，噪声低，耗电小，调节性能好，无冲料现象；

② 振动平稳，工作可靠，寿命长；

③ 调节方便，可通过调节激振力随时改变和控制流量；

④ 结构简单，运行可靠，安装调节方便，质量轻，体积小，维护保养方便。

(3) 设备型号及详细参数，见表2-1。

表2-1 设备型号参数表

型号规格	给料槽尺寸（mm）	给料槽面积（m^2）	给料粒度（mm）	最大处理能力（t/h）	振次（r/min）	电机型号	功率（kw）	总质量（kg）	外形尺寸（mm）
ZWS100	3025×876	2.65	380	100	800	Y132M-4	7.5	2231	3100×1780×1716
ZWS150	3800×960	3.65	500	150	800	Y160M-4	11	3521	3800×1690×1350
ZWS200	3736×970	3.6	500	200		Y160M-4	11	4300	3958×2280×2122
ZWS250	4900×1124	5.5	600	250		Y160L-4	15	4854	4953×2200×2331
ZWS300	5900×1100	6.5	650	300	750	Y180L-4	22	5807	6082×2083×2411
ZWS450	6000×1300	7.8	800	450		Y200L-4	30	7070	6082×2083×2630
ZWS630	6000×2200	13.2	1000	630		Y225M-4	45	10679	6082×2333×3524
ZWS1000	6000×2300	13.8	1200	1000	550~730	YVP280M-4	55	18600	6090×3874×2941

2. YK圆振动筛

YK圆振动筛为圆形轨迹运动（图2-2），是一种多层数、新型高效振动筛。是专门为采石场筛分料石设计的，也可供选煤、选矿、建材、电力及化工部门等分级用，YK（F）系列为国内新型机种，该机种采用块偏心激振器及轮胎联轴器，具有结构先进、激振力强、振动噪声小、易于维修、坚固耐用等特点。

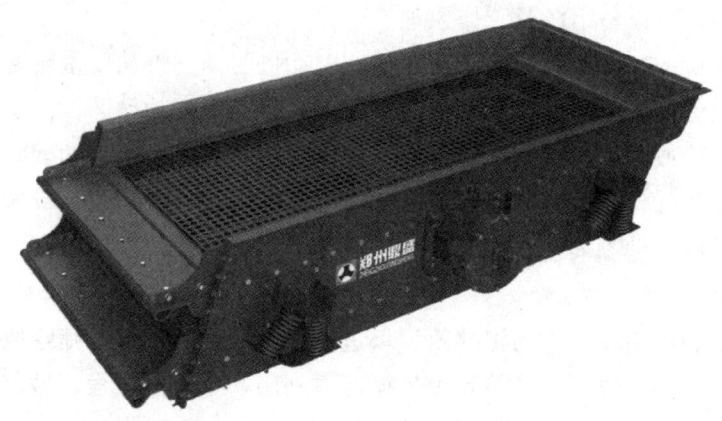

图 2-2　郑州鼎盛 YK 圆振动筛

（1）工作原理

电机通过轮胎式联轴节驱动激振器、偏心块高速旋转产生强大的离心力。使筛箱做强制性、连续的圆周运动，物料则随筛箱在倾斜的筛面上做连续的抛掷运动，不断地翻转和松散，细粒级有机会向料层下部移动，并通过筛孔排出，卡在筛孔的物料可以跳出，防止筛孔堵塞，这样周而复始地完成了粒度的分级和筛选过程。

（2）设备特色

① 通过调节激振力改变和控制流量，调节方便稳定；

② 振动平稳、工作可靠、寿命长；

③ 结构简单、运行可靠、质量轻、体积小，便于维护保养；

④ 可采用封闭式结构机身，防止粉尘污染；

⑤ 噪声低、耗电小，调节性能好，无冲料现象。

2.1.2　建筑垃圾破碎设备

1. 颚式破碎机

颚式破碎机又称颚破、颚式碎石机，主要用于原材料的中碎和细碎，破碎方式为曲动挤压式，具有破碎比大、产品粒度均匀、结构简单、工作可靠、维护简便、运营费用经济等特点。将废弃混凝土块、柱、梁粗破碎，同时筛除废土、回收废金属。广泛运用于矿山、冶炼、建材、公路、水利和化学工业等众多行业，破碎抗压强度不超过 320MPa 的各种物料。图 2-3 为轮胎式颚破车实物图。

（1）颚式破碎机的显著优势

① 机组一体化，可直接作业，消除了烦琐的基础设施安装及工时消耗；

② 配备可靠的 WJC 系列颚破主设备，大破碎比，可强力破碎；

③ 车架底盘紧凑，缩短运输距离，机动灵活，造型时尚，满足客户需求；

④ 预筛分功能，使整机处理能力更强大；

⑤ 灵活机动的驻车功能，免基础施工，快速进入工作模式。

(2) 颚式破碎机设备组成及工作原理

该系列破碎机的破碎方式为曲动挤压型。电动机驱动皮带和皮带轮通过偏心轴使动颚上下运动，当动颚上升时肘板和动鄂间夹角变大，从而推动动颚板向定颚板接近，与此同时物料被压碎或碾、搓达到破碎目的。当动颚下降时，肘板与动颚间夹角变小，动颚板在拉杆、弹簧的作用下离开定颚板，此时已破碎物料从破碎腔下口排出。随着电动机连续转动而破碎机动颚周期性地压碎和排泄物料，进而实现批量生产。

2. 履带式反击破

履带式反击破的主要功能为将建筑垃圾进行中、细破碎，同时筛除废土、回收废金属。广泛应用于矿山、煤矿及建筑垃圾的循环再利用，土石方工程、城市基础设施、道路或建筑工地等场地作业。

TAF系列履带式移动破碎站是郑州鼎盛公司采用奥地利先进技术研发的新型移动破碎站（图2-4），该设备集受料、破碎、传送等工艺于一体，具有产量高、体积小、能耗低、移动灵活、吃大料、可自动调节卡料等显著优势，可随时随地到拆迁现场对建筑垃圾进行就地粉碎，并且配置先进的抑尘系统，彻底改变了建筑垃圾资源化处置现场粉尘满天飞的窘况。

图2-3 轮胎式颚破车

图2-4 履带式移动破碎站

(1) 与同类产品相比，TAF系列履带式移动破碎站具有的优势

① 油电两用、灵活切换，降低成本；

② 无扬尘系统，从源头抑制粉尘污染；

③ 有钢筋切断装置，避免破碎机堵塞；

④ 智能化系统、产量高、能耗低。

(2) TAF系列履带式移动破碎站组成

① 喂料单元。连续、稳定喂料，保证生产线平稳运行。

② 预筛分单元。提前筛出土料、过细物料，减少破碎机无效通过量及后续筛分单元工作量。

③ 破碎单元。独特破碎机腔型设计，根据产品需求全液压调节工作参数。

④ 液压启盖装置。液压启盖功能便于检修，减少检修时间，降低劳动强度。

⑤ 驱动单元。驱动系统可便捷实现油、电两用,适合不同的现场环境条件,成本低。

⑥ 永磁式磁选器。有效分选出物料中混合的钢筋、铁块、铁屑等金属。

⑦ 自行履带单元。500mm 自行履带,可遥控操作在工地现场行走。

履带式移动破碎站的技术参数见表 2-2。

表 2-2 履带式移动破碎站技术参数

型号	TAF270	TAF300	TAF340	TAF380	TAF430
喂料能力（t/h）	200	250	250	300	350
最大进料尺寸（mm）	400	500	500	600	600
产量（t/h）	100～200	120～220	150～250	180～280	200～320
整车动力/装机功率（kW）	237.4	257.4	287.4	330.9	365.1
整车质量（t）	约43	约48	约48	约53	约56
工作长×宽×高（mm）	14550×5950×4550	14550×5950×4550	14550×5950×4550	15490×5950×4550	15490×5950×4550

其余配置：带 LCD 显示器的 PLC 控制系统,带过压系统的双层电控柜,防尘、带锁、悬挂安装,降尘用喷淋系统,专用工具箱

3. 轮胎式移动破碎站

WAF 系列轮胎式移动破碎站是郑州鼎盛公司开发推出的系列化建筑垃圾专用破碎设备,大大拓展了粗碎、细碎作业概念领域。它的设计理念是把消除破碎场地、环境、繁杂基础配置带给破碎作业的障碍作为首要的解决方案。本着物料"接近处理"的原则。与同类产品相比,郑州鼎盛自主研发的 WAF 系列轮胎式移动破碎站融合了 AF 奥版反击式破碎机(单段细碎、工艺简单、出料细且过粉碎少、粒型好)和移动式破碎站(移动方便、灵活性强、降低物料运输费用、一体化整套机组)的所有优点,在成品骨料粒度和产能上更具优势,破碎后的再生骨料可直接用于制砖。

根据不同的破碎工艺要求组成"先碎后筛"流程,也可以组成"先筛后碎"流程,WAF 系列轮胎式移动破碎站可按照实际需求组合为粗碎、细碎两段筛分系统,也可组合成粗中细三段筛分系统,具有很高的灵活性,能最大限度地满足不同客户的需要。图 2-5 为轮胎式移动破碎站实物图。

WAF 系列轮胎式移动破碎站侧重城市建筑废弃物的破碎,可用于建筑物拆除现场,能够出色地完成建筑拆除物破碎工作,也可就地用于现场的施工便道、基础回填,还可现场剔除混凝土中

图 2-5 轮胎式移动破碎站

的钢筋,充分利用运输车辆的容积,以达到再生与环保的目的。

WAF系列轮胎式移动破碎站的性能有以下特点。

① 主机采用AF奥版移动破碎站,其产量大、生产效率高,能快速收回成本。破碎机破碎比大,变三级破碎为一级破碎,可以实现粗、中、细碎一步到位,简化工艺流程。

② 能实现钢筋和混凝土完全分离。建筑垃圾破碎机具有钢筋切除装置,主机不会堵塞,在均整区的衬板上设计有退钢筋的凹槽,物料中混有的钢筋在经过这些凹槽后被捋出而分离,可使机器完全脱离钢筋和混凝土。

③ 生产出的再生骨料粒型好,有利于再生利用。建筑垃圾破碎机半敞开的排料系统,适合破碎含有少量钢筋的建筑垃圾,出料细,过粉碎少,粒型好,特别适用于生产环保砖。

④ 更有利于进驻施工合理区域,为整体破碎流程提供了更加灵活的空间和合理的布局配置。

⑤ 可针对流程中的物料类型、产品要求,提供更加灵活的工艺配置,满足用户移动破碎、移动筛分等各种要求,使生产组织、物流转运更加直接有效,可使成本显著降低。

⑥ 一体化机组设备安装形式,消除了分体组件的繁杂场地基础设施安装作业,降低了物料、工时消耗。

⑦ 机组合理紧凑的空间布局,提高了场地驻扎的灵活性。

轮胎式移动破碎站的技术参数如表2-3所示。

表2-3 轮胎式移动破碎站技术参数

型号	WAF270	WAF300	WAF340	WAF380	WAF430
喂料能力(t/h)	200	250	250	300	350
最大进料尺寸(mm)	400	500	500	600	600
产量(t/h)	100~200	120~220	150~250	180~280	200~320
整车动力/装机功率(kW)	237.4	257.4	287.4	330.9	365.1
整车质量(t)	约38	约42	约43	约46	约50
工作长×宽×高(mm)	14550×5950×4550	14550×5950×4550	14550×5950×4550	15490×5950×4550	15490×5950×4550

其余配置:带LCD显示器的PLC控制系统,带过压系统的双层电控柜,防尘、带锁、悬挂安装,降尘用喷淋系统,专用工具箱

2.1.3 建筑垃圾资源化利用"一拖三"技术

(1) 建筑垃圾分离技术

从图1-6中可以看出,建筑垃圾经S单元(Separate,即分离单元)进行分离,在

这一单元中，关键技术为三分离技术，如图 2-6 所示。

技术关键点：利用建筑垃圾几何形状的不同，在同一台分离设备上实现废砖、废混凝土、渣土三种物料分离[2]。

功能意义：将建筑垃圾分为废砖、废混凝土、渣土三部分，提高建筑垃圾的使用价值。

主机设备：三分离机。

（2）废混凝土处置技术

经分离单元分离后的废混凝土，将进入 C 单元（Concrete），即废混凝土处置单元（图 1-6），在该单元中，共有三项关键技术。

① 单段破碎技术（图 2-7）。

技术关键点：大破碎比破碎技术、钢筋切断防缠绕技术。

功能意义：主要是将大块钢筋混凝土一步破碎成所需产品粒径，减少破碎段数，简化生产工艺，降低设备投资与生产成本。

主机设备：单段锤式破碎机。

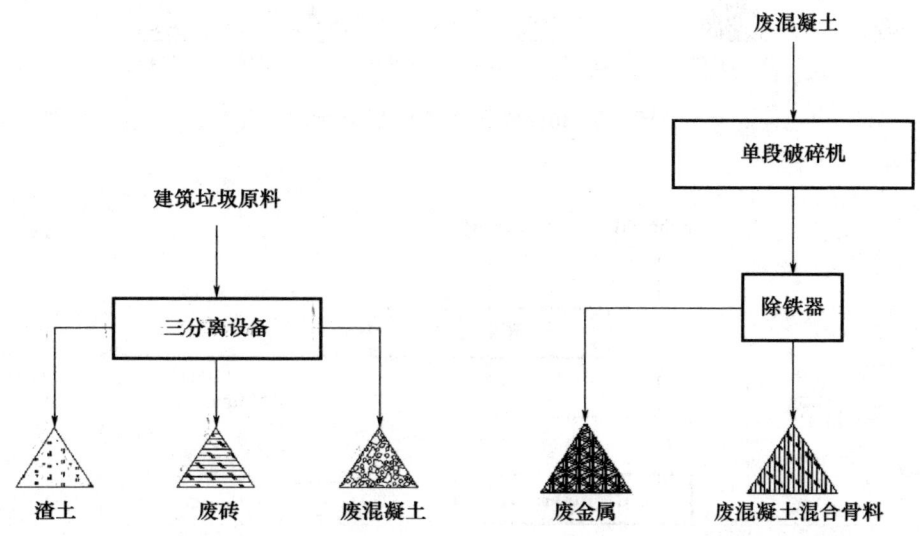

图 2-6 三分离技术工艺流程图　　图 2-7 单段破碎技术工艺流程图

② 精品骨料技术（图 2-8）。

技术关键点：轻物质除杂技术和表面活化与颗粒整形技术。

功能意义：主要是通过轻物质分离设备提高骨料的洁净度，通过整形改性机去除骨料包浆，活化骨料表面，改善骨料颗粒形状。

主机设备：整形改性机、全封闭圆振筛、轻物质处理器。

③ 预磨制砂技术（图 2-9）。

技术关键点：高效预磨制砂技术。

功能意义：主要是将 5～10mm 废混凝土骨料通过预磨机粉碎后，经筛分、选粉，获取精品粗砂、中砂、细砂、石粉。

主机设备：预磨机、全封闭圆振筛、选粉机。

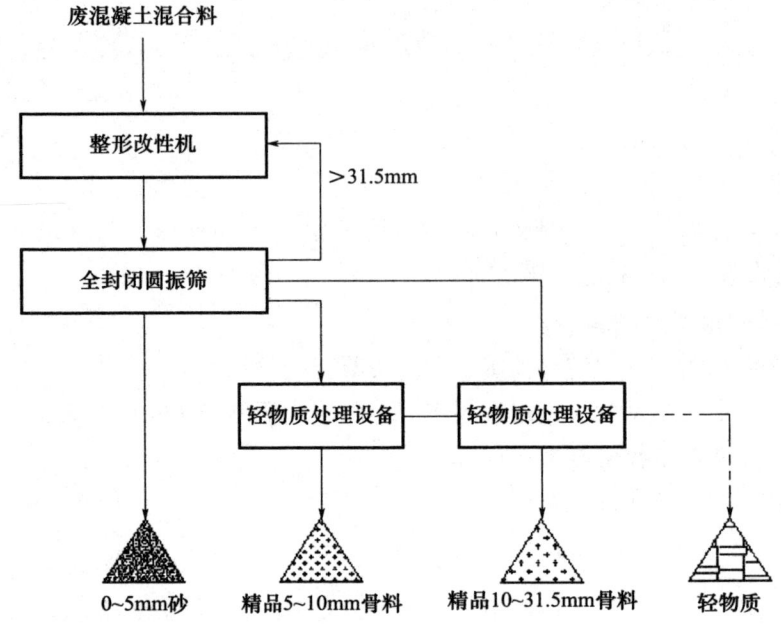

图 2-8 精品骨料技术工艺流程图

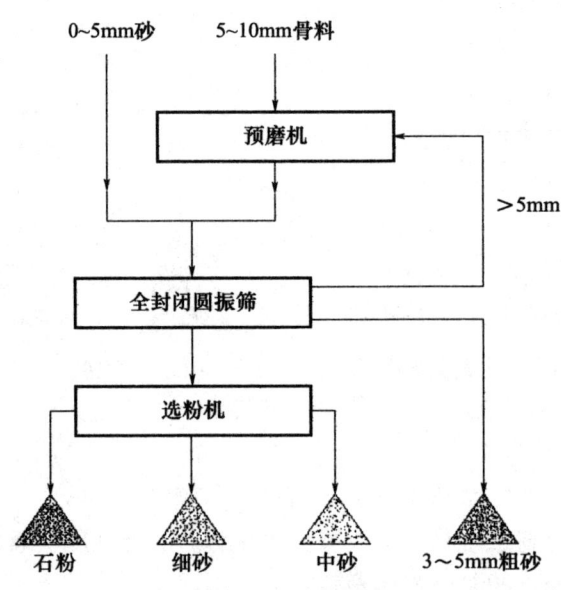

图 2-9 预磨制砂技术工艺流程图

(3) 建筑垃圾处置之废砖处置技术

经分离单元分离后的废砖，将进入 B 单元（英文 Brick 的缩写），即废砖处置单元（图 1-5），在该单元中，共有三项关键技术。

① 超细粉磨技术（图2-10）。

技术关键点：入磨物料预处理技术、物料超细粉磨技术。

功能意义：主要是将分离出的废砖，通过净化、破碎、粉磨，得到比表面积为700~1000m²/kg且具有良好活性的超细粉。

主机设备：反击式破碎机、全封闭圆振筛、对辊式破碎机、滚筒筛、立磨。

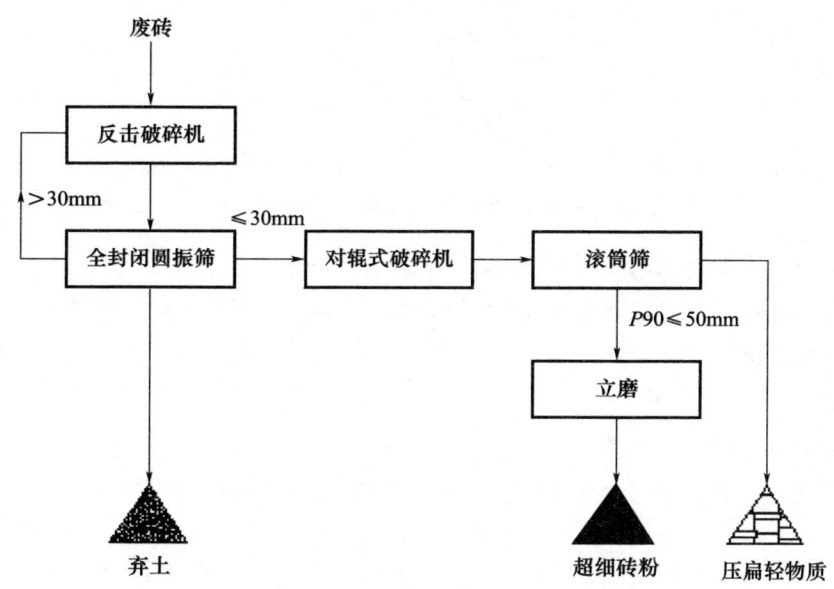

图2-10 超细粉磨技术工艺流程图

② 多元复配技术（图2-11）。

技术关键点：粉体活性激发技术、粉体高密度堆积技术、粉体形态效应减水技术。

功能意义：主要是将废砖、废混凝土、粉煤灰、矿粉经超细粉磨，优化配方掺和，制备出高性能复合微粉，不仅具有良好的活性、力学性能，同时大幅度提高工作性能及耐久性能。

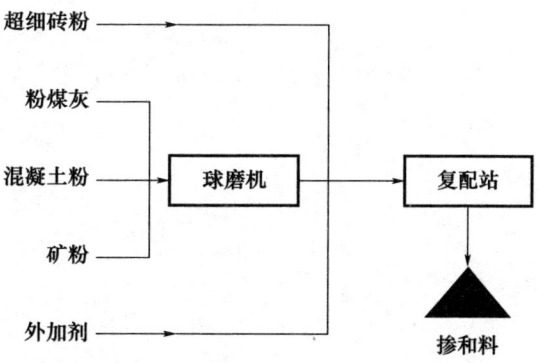

图2-11 多元复配技术工艺流程图

主机设备：球磨机、复配站。

③ 材料激发技术（图2-12）。

技术关键点：无害高效激发剂技术、多元胶凝材料技术。

功能意义：主要通过设计不同种类和比例的活性粉，掺和不同种类的激发剂，实现材料无害高效激发。

设备：复配站。

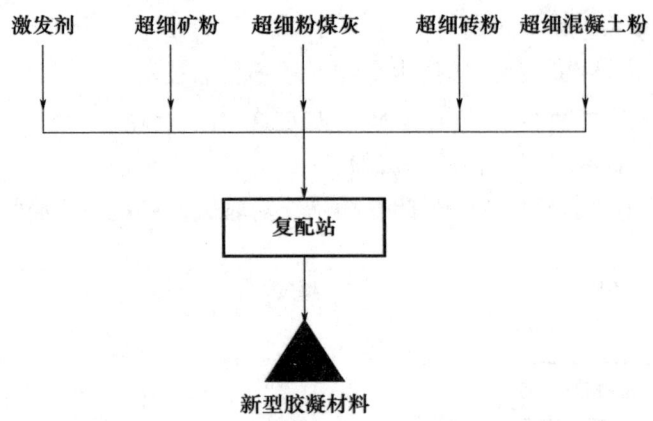

图 2-12 材料激发技术工艺流程图

(4) 建筑垃圾处置之渣土处置技术

经分离单元分离后的废砖,将进入 D 单元 (Dregs),即渣土处置单元,在该单元中,共有三项关键技术。

① 渣土提砂技术 (图 2-13)。

技术关键点:黏湿细料筛分技术。

功能意义:主要是通过弛张筛将渣土中 2~5mm 的中粗砂进行有效筛分,提升渣土经济效益。

设备:弛张筛。

② 精品砂粉技术 (图 2-14)。

技术关键点:辊压预处理技术、砂粉制备技术。

功能意义:主要是利用渣土中 5mm 以上碎块制取精品砂粉,提升渣土经济效益。

设备:对辊破碎机、滚筒筛、预磨机。

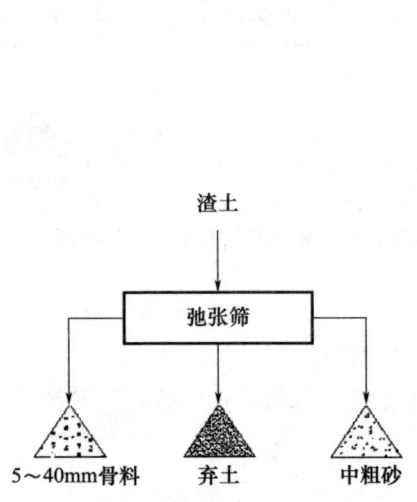

图 2-13 渣土提砂技术工艺流程图

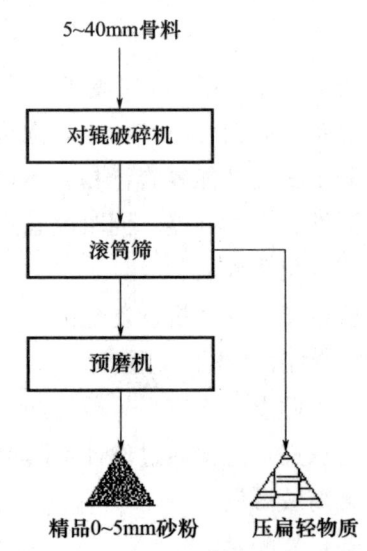

图 2-14 精品砂粉技术工艺流程图

③ 弃土制砖技术（图 2-15）。

技术关键点：全弃土专用砖机技术、弃土专用胶凝材料技术。

功能意义：主要是将弃土利用专用制砖机配合绿色胶凝材料，制备高品质弃土砖，提升渣土利用价值。

设备：专用制砖机。

建筑垃圾采用"一拖三"模式处置，如图 2-16 所示。通过三分离、混凝土精品骨料制备、废砖深度资源化利用、掺合料再生水泥的生产以及百分百全弃土制砖等技术，建筑垃圾资源化利用率高达 98％以上，实现了建筑垃圾资源化深度利用。

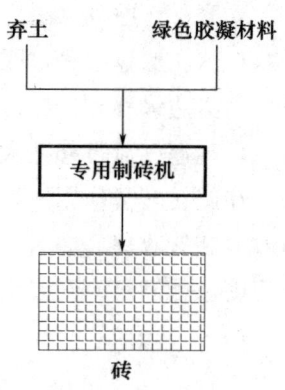

图 2-15 弃土制砖技术工艺流程图

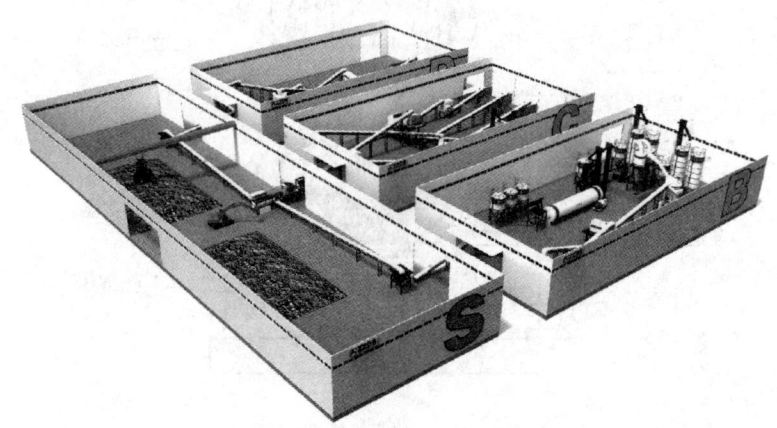

图 2-16 郑州鼎盛公司"一拖三"模式概念图

2.2 再生微粉的高值化利用

2.2.1 立磨

立式辊磨机简称立磨，是一种理想的大型粉磨设备，广泛应用于水泥、电力、冶金、化工、非金属矿等行业。它集破碎、干燥、粉磨、分级输送于一体，生产效率高，可将块状、颗粒状及粉状原料磨成所要求的粉状物料。

（1）立磨的原理及结构

立磨主要由选粉机、磨辊装置、磨盘装置、加压装置、减速机、电动机、壳体等部分组成。选粉机是一种高效、节能的选粉装置。磨辊是用来对物料进行碾压粉碎的部件。磨盘固定在减速机的输出轴上，是磨辊碾压物料的地方。加压装置是为磨辊提供碾压力的部件，向磨辊提供足够的压力以粉碎物料。

立磨工作原理（图2-17）：电动机通过减速机带动磨盘转动，物料经锁风喂料器从进料口落在磨盘中央，同时热风从进风口进入磨内。随着磨盘转动，物料在离心力作用下向磨盘边缘移动，经过磨盘上环形槽时受到磨辊碾压而粉碎，粉碎后物料在磨盘边缘被风环高速气流带起，大颗粒直接落到磨盘上重新粉磨，气流中物料经过上部选粉机时，在旋转转子作用下，粗粉从锥斗落到磨盘重新粉磨，合格细粉随气流一起出磨，通过收尘装置收集，即为产品。含有水分物料在与热气流接触过程中被烘干，通过调节热风温度，能满足不同湿度物料要求[3]。通过调整选粉机可达到不同产品所需粗细度。

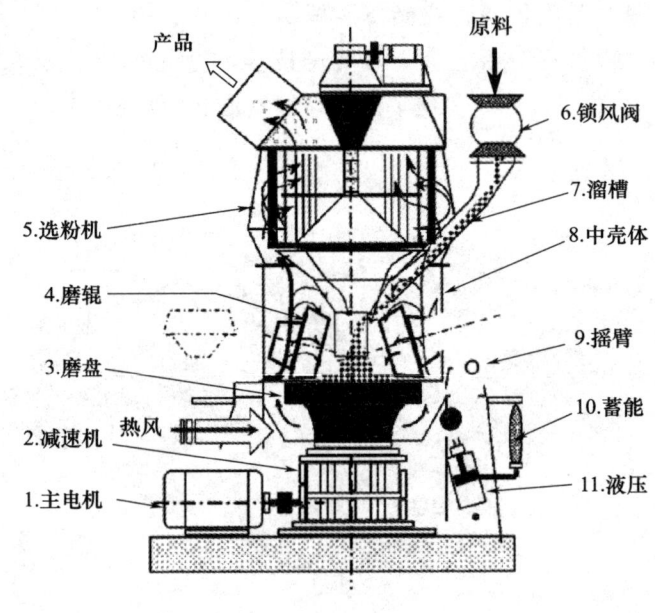

图2-17 立磨工作原理图

（2）立磨特点

① 投资费用低。由于集破碎、干燥、粉磨、分级输送于一体，系统简单，布局紧凑，占地面积约为球磨系统的50%，而且可露天布置，因此能大幅降低投资费用。

② 运行成本低、磨粉效率高、磨损少。采用磨辊在磨盘上直接碾压磨碎物料，能耗低，和球磨系统相比节约能耗30%～40%。由于工作中磨辊并不与磨盘直接接触，且磨辊与衬板采用优质材料制作，因此使用寿命长、磨损少。

③ 烘干能力强。由于热风在磨内直接与物料接触，烘干能力强，节约能源，通过调节热风温度，能满足不同湿度物料的要求。

④ 操作简便。装备有自动控制系统，可实现远程控制，操作简便。装备有防止辊套和磨盘衬板直接接触的装置，避免了破坏性冲击和剧烈震动。

⑤ 产品质量稳定。物料在磨内停留时间短，易于检测和控制产品粒度及化学成分，减少重复碾磨，稳定产品质量。

⑥ 维修方便。通过检修油缸，翻转动臂，更换辊套、衬板方便快捷，减少停机损失。

⑦ 环保。震动小、噪声低，且设备整体密封，系统在负压下工作，无粉尘外溢，环境清洁，满足国家环保要求。

立磨相关技术参数见表2-4。

表2-4 某公司立磨技术参数表

型号	产量（t/h）	比表面积（m²/kg）	出磨水分	功率（kW）
型号A	40~45			1250
型号B	60~68			1800
型号C	80~85	3300±300	≤0.5%	2240
型号D	120			3150
型号E	160			4200
型号F	200			5300

2.2.2 球磨机

球磨机是物料被破碎之后再进行粉碎的关键设备。这种类型的磨机是在其筒体内装入一定数量的钢球作为研磨介质（图2-18）。球磨机适用于粉磨各种矿石及其他物料，它广泛应用于水泥、硅酸盐制品、新型建筑材料、耐火材料等领域。对各种矿石和其他可磨性物料进行干式或湿式粉磨。根据分类标准的不同，球磨机可分为以下5种：

① 按长径比可分为短磨（$L/D<2$）、中长磨（$2 \leqslant L/D \leqslant 3.5$）、长磨（$L/D>3.5$）；

② 按研磨体可分为球磨机、棒球磨和砾石磨；

③ 按传动方式可分为中心传动磨和边缘传动磨；

④ 按卸料方式可分为中卸磨和尾卸磨；

⑤ 按生产方式可分为干法磨（喂料为干料）、湿法磨（喂料时加水）、烘干磨（喂料为潮湿料）。

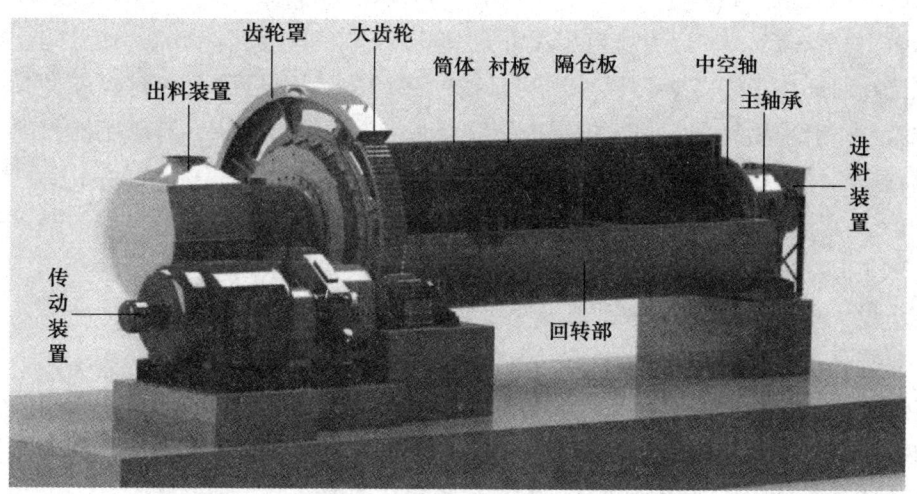

图2-18 球磨机结构

(1) 球磨机的原理及结构

球磨机工作原理如图2-19所示，球磨机由进料装置、支撑装置、回转装置、出料装置、传动装置等部分组成，其中回转装置主要包括筒体、磨门、衬板、隔仓板，传动装置主要包括电机、减速机。

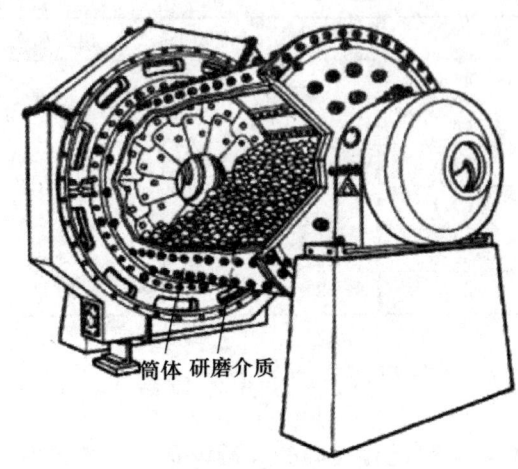

图2-19 球磨工作原理图

筒体：为长的圆筒，承受自身及衬板、隔仓板、研磨体、磨内物料的质量（承受静载荷）；承受研磨体的冲击力（承受动载荷）；材料为A3钢板或16Mn钢板，厚度为磨机直径的0.01~0.015倍。

磨门：用于更换衬板、隔仓板，装、倒研磨体；观察磨内料、球量，布置在筒体两边直线上，交错排列。

衬板：保护筒体使其免受研磨体和物料的直接冲击和研磨；改变研磨体的运动轨迹，提高研磨体的冲击能力和研磨能力。衬板压条一般可分为平衬板、压条衬板、小波纹衬板、阶梯衬板、沟槽衬板、分级衬板、角螺旋衬板等。其中，整块衬板尺寸为500mm×314mm×50mm，半块衬板尺寸为250mm×314mm×50mm。在粗碎仓，衬板应具有良好的抗冲击能力，一般采用高锰钢（ZMn13）；在细磨仓，衬板应具有良好的耐磨性能，一般采用冷硬铸钢。衬板排列安装时采用"砌筑"式，环缝不能贯通，以防止研磨体残骸和物料对筒体的冲刷。同时，衬板四周应预留5~10mm的间隙。

隔仓板：分隔研磨体，使研磨尺寸从前向后逐步减小，符合粉磨过程的要求；筛分物料，防止大颗粒物料窜向出料端；控制磨内物料的流速。隔仓板可分为单层隔仓板、双层隔仓板、有筛分功能隔仓板。

进料装置：溜管进料，物料由溜管进入锥形套管旋转滑入磨内，应用于大直径的短磨；螺旋进料，物料由进料漏斗进入装料接管，被扬料板带起溜入套管，被螺旋叶片推入磨内，应用于中、长磨。

出料装置：分为边缘传动卸料、中心传动卸料、中卸磨卸料方式。

支撑装置：支撑磨机的回转部分，一般分为滑动轴承、滚动轴承、滑履支承。

传动装置：传动方式一般分为中心传动和边缘传动。边缘传动主要模式为电机带动减速机，减速机带动小齿轮，继而带动大齿轮，最后带动筒体回转。中心传动主要模式为电机带动主减速机，主减速机带动传动轴，最后带动筒体回转。

球磨机筒内装有研磨体，筒体为钢板制造，有钢制衬板与筒体固定，研磨体一般为钢制圆球，并按不同直径和一定比例装入筒中，研磨体也可用钢锻。根据研磨物料的粒度加以选择，物料由球磨机进料端空心轴装入筒体内，当球磨机筒体转动时，研磨体由于惯性、离心力、摩擦力的作用，使它附在筒体衬板上被筒体带走，当被带到一定的高度时，由于其本身的重力作用而被抛落，下落的研磨体像抛射体一样将筒体内的物料击碎。

物料由进料装置经入料中空轴螺旋均匀地进入磨机第一仓，该仓内有阶梯衬板或波纹衬板，内装各种规格钢球，筒体转动产生离心力将钢球带到一定高度后落下，对物料产生重击和研磨作用[4]。物料在第一仓达到粗磨后，经单层隔仓板进入第二仓，该仓内镶有平衬板，内有钢球，将物料进一步研磨。粉状物通过卸料箅板排出，完成粉磨作业。

（2）磨机特点

① 对物料的物理性能（粒度、水分、硬度等）适应性强；

② 粉碎比大，颗粒级配、细度容易调节；

③ 结构简单维护方便，操作可靠；

④ 可适应不同作业要求，如干法或湿法生产、开路或闭路系统、单一粉磨或干燥与烘干作业等；

⑤ 易损件容易检查和更换。

同时，球磨机具有粉磨效率低、电耗高、设备笨重、研磨体消耗高、噪声大等缺点，球磨相关技术参数见表2-5。

表2-5 某公司球磨技术参数表

规格型号	筒体转速 (r/min)	装球量 (t)	进料粒度 (mm)	出料粒度 (mm)	产量 (t/h)	电机功率 (kW)	总质量 (t)
φ900×1800	36~38	1.5	<20	0.075~0.89	0.65~2	18.5	5.85
φ1200×2400	36	3	<25	0.075~0.6	1.5~4.8	30	13.6
φ1500×3000	29.7	7.5	<25	0.074~0.4	2.0~5.0	75	19.5
φ1830×3000	25.4	11	<25	0.074~0.4	4.0~10.0	130	34.5
φ2100×3000	23.7	15	<25	0.074~0.4	6.5~36	155	45
φ2400×3000	21	23	<25	0.074~0.4	7~50	245	58
φ2700×4000	20.7	40	<25	0.074~0.4	22~80	380	95
φ3600×8500	18	131	<25	0.074~0.4	45.8~256	1800	260
φ4000×5000	16.9	121	<25	0.074~0.4	45~208	1500	230
φ5030×6400	14.4	216	<25	0.074~0.4	98~386	2500	320

(3)"无球化"趋势下的球磨机

130年前,世界上第一台球磨机诞生。至今,全球已有将近90%的水泥厂还在使用球磨机。对于水泥行业粉磨系统"无球化",从技术上来说已经成熟。据报道,世界上第一个全部由辊磨生产的新厂是Moring Star Plant在越南Hon Chong投产的。天津水泥工业设计研究院设计的无球化工厂亦于2004年9月在越南福山水泥厂投产。印度2006年年末投产的工艺线,在粉磨系统中也取消了球磨,全部配备辊式磨,以上均说明水泥工厂无球磨化已成现实。但是,由于球磨机操作简单、实用性好等优势,同时,其与辊压机(HPRM)结合应用于联合粉磨可以在一定程度削弱其他弱点;其次,因为历史积淀带来成熟的设备操作经验和设备工作可靠性,球磨机仍然被广泛应用于水泥终粉磨工艺中。此外,与其他类型磨机相比,球磨机具有价格优势,特别是由中国提供的球磨机。

(4)球磨机技术新进展

近年来,随着节能减排理念的深入人心,球磨机也逐渐向节能化方向发展,对球磨机的改进和优化也取得了一些进展。这些努力可以通过球磨机广泛应用,且单位粉磨成本减少的事实得以体现。相关研究表明[5],现存的水泥磨机拥有较高的优化潜力。一个重要措施就是改善磨球的级配,这可以降低大约10%的能量需求,磨内研磨介质填充率由物料流控制系统调节控制,是确保磨机粉磨效率最大化的重要先决条件。测试表明,25%的研磨介质填充率是最合理的。相关研究表明,特别是在联合粉磨工艺系统中使用球磨机时,研磨介质形状、规格和数量的正确选择对于提高磨机台时产量、降低磨机能耗具有非常重要的影响[6]。

2.2.3 雷蒙磨

雷蒙磨又名悬辊磨、雷磨机、高压悬辊磨、摆式磨粉机,广泛应用于冶金、建材、化工、矿山等领域内矿产品物料的粉磨加工,适宜加工莫氏硬度七级以下、湿度在6%以下的各种非易燃易爆矿产,如石膏、滑石、方解石、石灰石、大理石、钾长石、重晶石、白云石、花岗岩、高岭土、膨润土、麦饭石、铝矾土、氧化铁红、铁矿等,成品细度在613~440μm(0.613~0.044mm)之间,通过分析机及风机的共同作用,可满足不同用户的使用要求。

(1)雷蒙磨的原理及结构

雷蒙磨粉机整套设备包括:主机、分析机、鼓风机、成品旋风分离器、管道装置、电机等,辅助设备有提升机、电磁振动给料机、电控柜等,具体设备根据现场情况灵活选择。

雷蒙磨(图2-20)将大块状原材料破碎到所需的进料粒度后,由提升机将物料输送到储料仓,然后由电磁振动给料机均匀地送到主机的磨腔内,进入磨腔的物料在磨辊与磨环之间研磨,粉磨后的粉体由风机气流带到分析机分级,达到细度要求的细粉随气流经管道进入大旋风收集器内进行分离收集,再经卸料器排出即为成品。主机工作过程中,铲刀系统起到了非常重要的作用,其位于磨辊下端,铲刀与磨辊同转过程中把物料铲抛起喂入磨辊辊环之间,形成垫料层,该料层受磨辊旋转产生向外的挤压力将物料碾碎,由此达到制粉目的[7]。

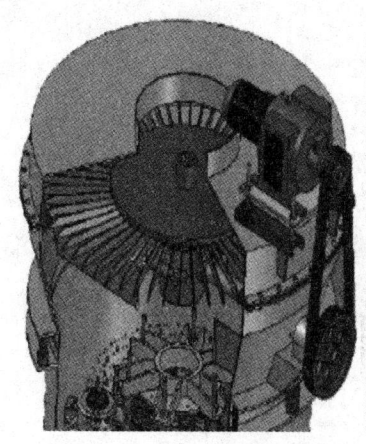

图 2-20 雷蒙磨工作原理图

(2) 雷蒙磨特点

① 整机为立式结构,占地面积小,系统性强,从原材料的粗加工到输送再到制粉及最后的包装,可自成独立的生产系统。

② 与其他磨粉设备相比,通筛率高达 99%。

③ 主机传动装置采用密闭齿轮箱和带轮,传动平稳,运转可靠。

④ 重要部件均采用优质铸件及型材制造,工艺精细,流程严谨,保证了整套设备的耐用性。

⑤ 电气系统采用集中控制,磨粉车间可基本实现无人作业,并且维修方便。雷蒙磨相关技术参数见表 2-6。

表 2-6 某公司雷蒙磨技术参数表

型号尺寸 (m)	最大进料粒度 (mm)	成品粒度 (mm)	班产量 (t)	中心轴转速 (r/min)	主机电机 (kW)
3.3×2.3×4.8	≤30	0.125~0.044	3~10	280	Y160-6-7.5
4.6×3.4×5.9	≤30	0.125~0.044	3~15	160	Y200L-8-15
5.6×3.4×5.9	≤30	0.125~0.044	4~20	170	Y225L-8-18.5
5.4×3.4×5.9	≤30	0.125~0.044	10~30	170	Y225M-8-22
6.0×3.8×6.3	≤30	0.125~0.044	10~40	155	Y225M-8-22
6.0×3.8×6.3	≤30	0.125~0.044	10~50	155	Y250M-8-30
8.0×5.8×9.0	≤30	0.125~0.044	15~80	130	Y225S-4-37
8.0×6.0×9.0	≤30	0.125~0.044	40~120	130	Y225S-4-45
9.2×7.2×9.7	≤30	0.125~0.044	60~150	103	Y280S-4-75

2.2.4 环辊磨

环辊磨也叫超细磨粉机、微粉磨机、环辊中速磨，主要适用于对中低硬度、莫氏硬度小于等于6级的非易燃易爆的脆性物料的超细粉加工，如方解石、白垩、石灰石、炭黑、高岭土、膨润土、滑石、云母、菱镁矿、伊利石、叶蜡石、蛭石、海泡石、凹凸棒石、累托石、硅藻土、重晶石、石膏、明矾石、石墨、萤石、磷矿石、钾矿石、浮石等100多种物料，细粉成品粒度在325～3000目之间任意调节。

（1）环辊磨的原理及结构（图2-21）

环辊磨生产线通常由锤式破碎机、斗式提升机、储料仓、震动给料机、微粉磨主机、变频分级机、双联旋风集粉器、脉冲除尘系统、高压风机、空气压缩机、电气控制系统等组成。

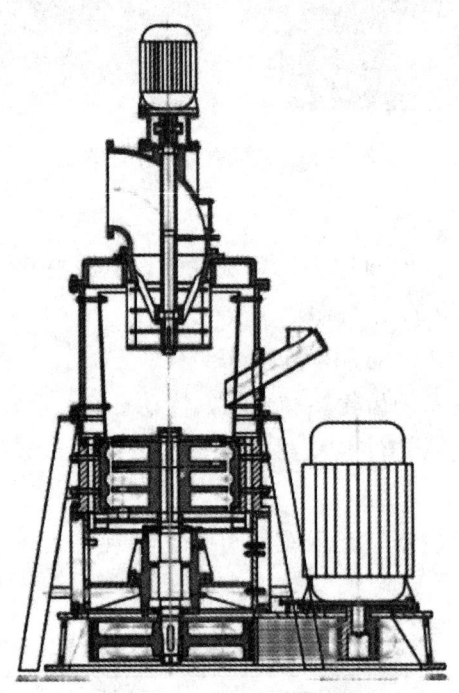

图2-21 环辊磨工作原理图

工作时，主机电动机通过减速器带动主轴及转盘旋转，转盘边缘的辊销带动几十个磨辊在磨环滚道内滚动。大块物料经锤式破碎机破碎成小颗粒后由提升机送入储料仓，再经过震动给料机和倾斜的进料管将物料均匀地送到转盘上部的散料盘上。物料在离心力的作用下撒向圆周边，并落入磨环的滚道内被环辊冲击、滚辗、研磨，经过三层环道的加工变成粉体，高压风机通过抽吸作用将外部空气吸入机内，并将粉碎后的物料带入选粉机内。选粉机内旋转的叶轮使粗物料回落重磨，符合要求的细粉则随气流进入旋风集粉器并由其下部的卸料阀排出即为成品，而带有少量细粉尘的气流则经过脉冲除尘器后通过风机和消声器排出[8]。主机结构图见图2-22。

 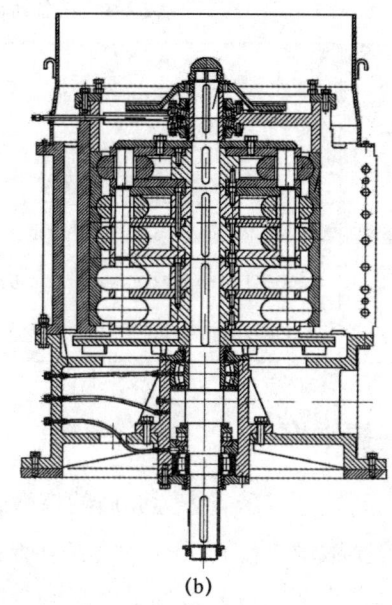

图 2-22 环辊磨主机结构图

(a) 外观图；(b) 剖面图

(2) 环辊磨特点

① 应用范围广。广泛应用于非金属矿等（如重钙、高岭土、滑石、硅灰石、重晶石、长石、炉渣等物料）的粉碎加工，也可用于纤维材料的超细化，如木粉的超细粉碎等。

② 结构简单，操作容易，维修简便，投资省，效益高。

③ 产品粒度可调、细度符合要求。环辊磨内装有内分级装置，分级效果好，分级精度高。

④ 环保高效。细粉回收率高，可实现无粉尘生产，无大颗粒污染。

⑤ 环辊磨主轴采用减速机传动，产量高，能耗低。

⑥ 粉尘收集系统先进，整机结构紧凑，关键件质量可靠。

环辊磨相关技术参数见表 2-7、表 2-8。

表 2-7 某公司环辊磨技术参数表

型号	进料尺寸 (mm)	成品粒度 (mm)	产量 (t/h)	质量 (t)	整机功率 (kW)
型号 A	≤10	0.04～0.005	0.7～3.8	17.5	144
型号 B	≤10	0.04～0.005	1.3～6.8	20	237
型号 C	≤10	0.04～0.005	2.6～11	44	395
型号 D	≤10	0.04～0.005	5～22	70	680

表 2-8　某公司环辊磨粒度与产量对照表

型号	产量（kg/h）					
	400 目	600 目	800 目	1250 目	1500 目	2500 目
型号 A	3200～3800	2200～2800	1800～2200	1200～1800	1000～1200	700～900
型号 B	6000～6800	4500～5000	3900～4500	2500～3000	2100～2500	1300～1600
型号 C	10000～11000	8000～8500	6200～7800	4200～4800	3600～4200	2600～3100
型号 D	20000～22000	16000～17000	12400～15600	8400～9600	7200～8400	5200～6200

2.2.5　振动磨

振动磨机是以球或棒为介质的超微粉碎设备。介质在磨机内振动可使小于 2mm 的物料粉碎至数微米。它具有高效、节能、节省空间、产品粒度均匀等优点，在超微粉碎领域内占有显著优势，得到了广泛的应用。

1. 振动磨机的原理及结构

振动磨机的工作原理如图 2-23 所示。传动轴带动轴上不平衡体——偏心块转动（图 2-24），从而牵动装有研磨介质和研磨物料的振动磨机磨筒做圆周振动。磨筒的壁使研磨介质受到经常性的冲击，因此，所有的研磨介质做很复杂的运动。当振动磨机的振动频率不太大时，每一个研磨介质仅靠近某一个中间位置做有限的活动。当振动频率升高到临界区时，研磨介质的运动性质发生了变化，并出现了新的运动形式。研磨介质的起落冲击呈放射状投射，并且在机壁上回转滑动[9]。

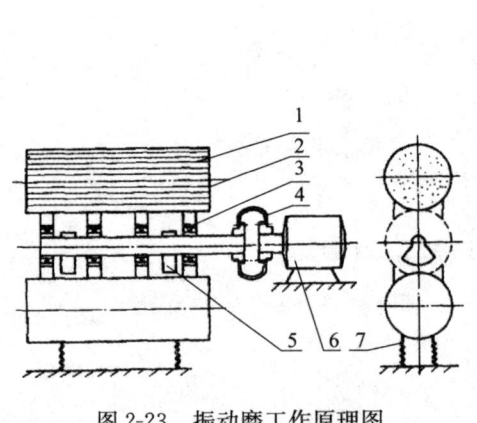

图 2-23　振动磨工作原理图
1. 磨棒；2. 磨筒；3. 轴承；4. 挠性联轴器；
5. 偏心块；6. 电机；7. 弹簧

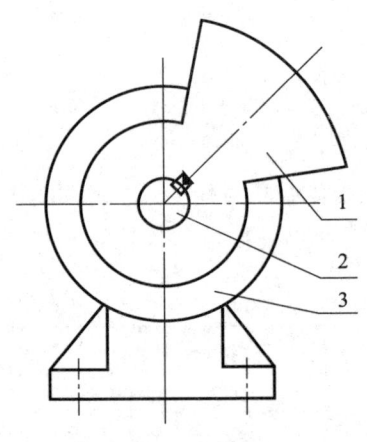

图 2-24　偏心块
1. 偏心块；2. 主轴；
3. 轴承和轴承座

除此之外，所有研磨介质都围绕着磨筒中心运动。这样，每个磨筒中的研磨介质就获得三种运动：①强烈的抛射，将大块物料迅速破碎；②高速同向自转，起研磨作用；③慢速公转，起均匀物料作用。物料从入料端进入，不断破碎、研磨，不断地以螺旋线运动轨迹运动至排料口排出，从而完成了粉磨作业的过程。

磨筒的数量可以是一个，也可以是两个，两个更佳。这时上磨筒为粗磨筒，下磨筒为精磨筒，物料进入机器后，在其中做一个小循环，这样，机器结构紧凑，增加了物料的研磨时间，从而可以达到细磨甚至超细磨的要求。

2. 振动磨机特点

振动磨机可用于连续作业，也可用于间歇作业，将各种物料磨成较细的最终产品，既可用于湿磨，又可用于干磨[10]。

振动磨与其他磨机相比，具有以下特点：

（1）由于是高速工作，可直接与电机相连，占地面积小；

（2）研磨介质填充率和振动频率高，单位容积筒体的处理量大；

（3）功耗较小，不需用分级机进行闭路磨碎；

（4）产品粒度小，可以细磨或超细磨碎；

（5）用软管可与物料和排料装置连接，便于密封，还可以进行一些特殊磨碎，如连接液氮，进行超低温磨碎。

3. 振动磨系列试验

利用鼎盛公司生产基地自制 3ZM35 型振动研磨机对各类建筑固废及工业固废进行超细粉磨，不断改变振动磨系列参数，得出最佳粉磨效率的各磨机参数，现以粉煤灰的超细粉磨为例进行系统分析。

原料：三门峡大唐电厂粉煤灰。

密度：$2.21g/cm^3$。

振动磨规格如下：

直径17cm，高50cm，总容积$11343.25cm^3$。

钢球级配如下：

6mm 占 30％，8mm 占 70％；

电机：四级电机，功率为 $2\times1.5kW$。

（1）不同填充率

探究粉煤灰在不同填充率下（填充率 50％～80％）将粉煤灰粉磨至比表面积 $1300m^2/kg$ 时所用时间及耗电量，此时固定料球比 1:12。

所有入磨钢球保证干燥，入磨粉料保证干燥，所有钢球粉料均在一个管内振动粉磨。第 1h 每 10min 出磨检测，第 2～3h 每 15min 出磨检测，第 3～4h 每 20min 出磨检测，第 4h 之后每 30min 出磨检测。

① 填充率 50％时，固定料球比 1:12，改变粉磨时间，此时，钢球质量 24.11kg，粉煤灰 2.01kg，细度随时间变化规律见表 2-9、图 2-25～图 2-26。

表 2-9　50%填充率时粉煤灰比表面积随时间变化表

研磨时间		原料（0min）	10min	20min	30min	40min	50min	60min
比表面积（m²/kg）		547.40	768.69	702.07	741.46	804.58	855.78	890.07
粒度	D50/μm	9.33	6.39	6.83	6.43	5.82	5.52	5.05
	D97/μm	40.01	28.52	26.08	23.13	22.40	19.98	18.00
	D99/μm	48.13	33.94	30.63	27.21	26.60	23.74	21.27
研磨时间		75min	90min	105min	120min	140min	160min	180min
比表面积（m²/kg）		935.98	985.21	1040.44	1053.81	1116.52	1136.39	1181.27
粒度	D50/μm	4.73	4.47	4.13	4.18	3.89	3.76	3.58
	D97/μm	16.17	16.02	15.21	15.27	13.79	13.91	13.40
	D99/μm	19.00	18.92	18.18	18.23	16.31	16.46	15.98
研磨时间		210min		240min		270min		300min
比表面积（m²/kg）		1206.99		1217.97		1286.38		1299.84
粒度	D50/μm	3.50		3.36		3.19		3.15
	D97/μm	12.46		12.31		12.02		11.76
	D99/μm	14.66		14.52		14.33		14.08

注：由于比表面积到后期上升幅度继续减缓，因此改为每30min取料检测一次。

开机总时长5h，总耗电量3.7kW·h，平均每小时耗电量0.74kW·h。

其中D50：一个样品的累计粒度分布百分数达到50%时所对应的粒径（物理意义：粒径大于它的颗粒占50%，小于它的颗粒也占50%，D50也叫中位粒径或中值粒径，常用来表示粉体的平均粒度）。

D97：一个样品的累计粒度分布数达到97%时所对应的粒度（物理意义：粒径小于它的颗粒占97%，常用来表示粉体粗端的粒度指标）。

D99：一个样品的累计粒度分布数达到99%时所对应的粒度（物理意义：粒径小于它的颗粒占99%，常用来表示粉体粗端的粒度指标）。

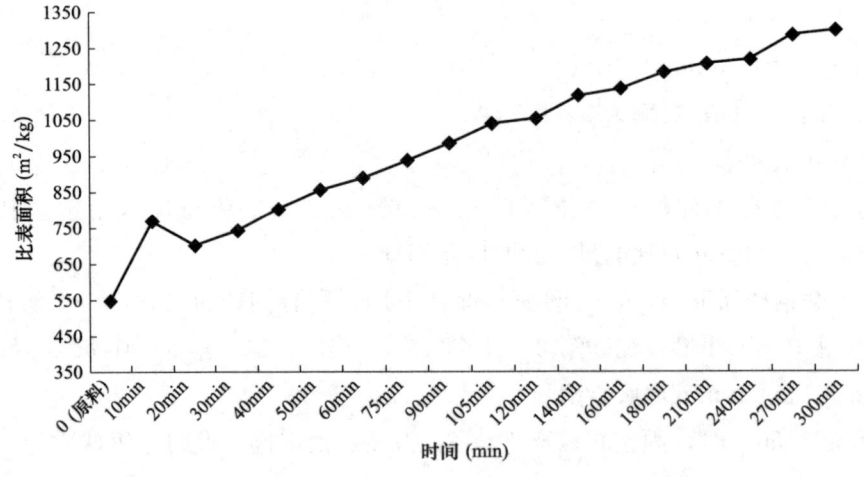

图 2-25　50%填充率下的粉煤灰比表面积变化曲线图

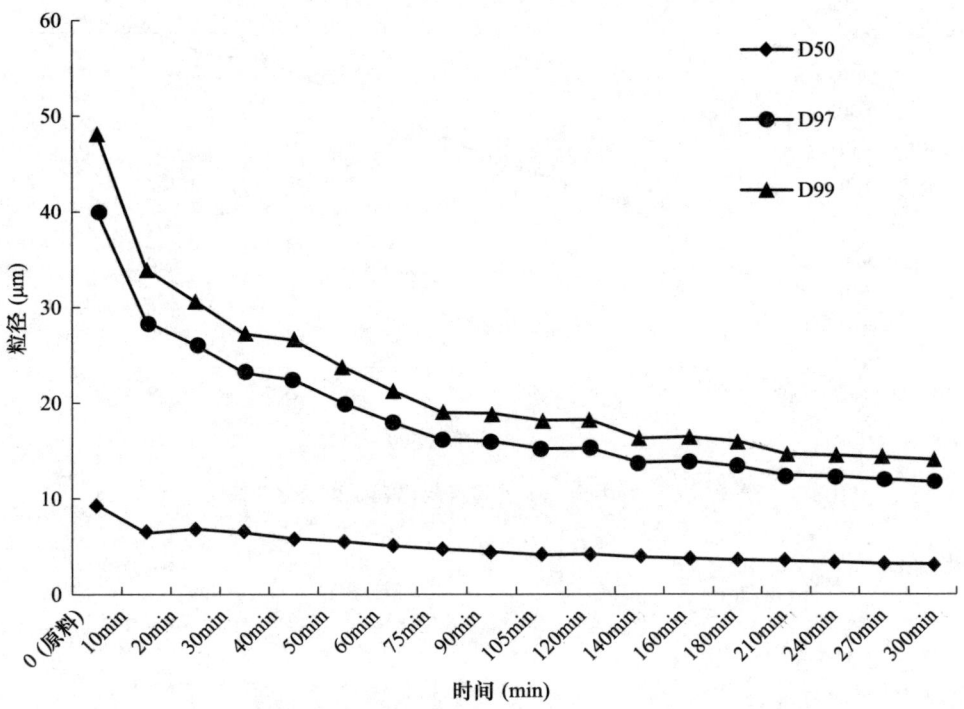

图 2-26 50%填充率下的粉煤灰粒径（D50/D97/D99）随时间变化曲线图

② 填充率 55%时，固定料球比 1∶12，改变粉磨时间，此时，钢球质量 26.52kg，粉煤灰 2.21kg，细度随时间变化规律见表 2-10、图 2-27～图 2-28。

表 2-10　55%填充率时粉煤灰比表面积随时间变化表

研磨时间	0min（原料）	10min	20min	30min	40min	50min	60min
比表面积 (m²/kg)	569.10	603.80	693.84	802.09	856.55	918.43	979.56
D50/μm	8.91	7.82	6.71	5.75	5.37	4.84	4.49
D97/μm	39.76	29.33	25.06	20.37	19.36	17.34	15.83
D99/μm	48.08	34.46	29.69	24.07	23.18	20.70	18.70
研磨时间	75min	90min	105min	120min	140min	160min	
比表面积 (m²/kg)	1062.93	1122.42	1201.96	1213.19	1287.83	1308.54	
D50/μm	4.08	3.85	3.55	3.48	3.23	3.18	
D97/μm	14.98	14.02	13.34	12.36	12.11	12.07	
D99/μm	17.93	16.56	15.94	14.56	14.38	14.36	

注：由于比表面积到后期上升幅度减缓，因此改为每 15min 和 20min 取料检测一次。开机总时长 2h40min，总耗电量 4.7kW·h，平均每小时耗电量 1.76kW·h。

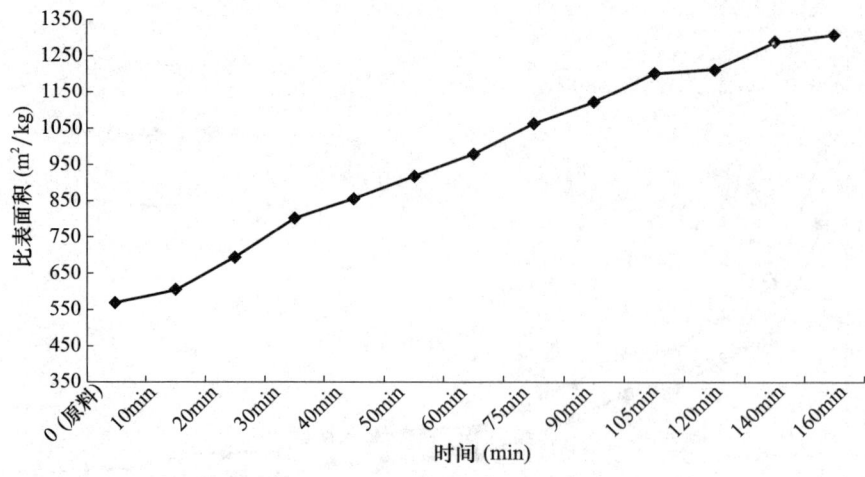

图 2-27　55％填充率下的粉煤灰比表面积变化曲线图

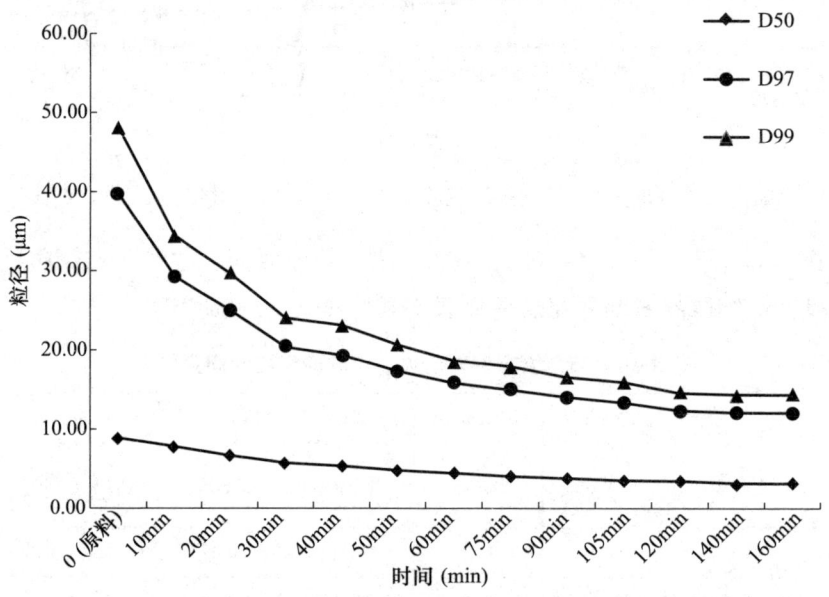

图 2-28　55％填充率下的粉煤灰粒径（D50/D97/D99）随时间变化曲线图

③ 填充率60％时，固定料球比1∶12，改变粉磨时间，此时，钢球质量28.9kg，粉煤灰2.41kg，细度随时间变化规律见表2-11、图2-29～图2-30。

表 2-11　60％填充率时粉煤灰比表面积随时间变化表

研磨时间	0min（原料）	10min	20min	30min	40min	50min	60min
比表面积（m^2/kg）	499.38	553.20	680.16	783.78	835.24	923.60	964.54
D50/μm	9.48	8.18	6.79	5.98	5.46	4.95	4.59
D97/μm	42.24	32.32	24.97	22.31	19.98	17.67	15.99
D99/μm	51.81	38.28	29.68	26.51	23.70	20.98	18.84

续表

研磨时间	75min	90min	105min	120min	140min	160min	180min
比表面积（m²/kg）	1026.95	1073.58	1150.16	1177.21	1253.77	1280.18	1331.04
$D50/\mu m$	4.30	4.02	3.73	3.64	3.28	3.33	3.04
$D97/\mu m$	15.51	14.12	13.74	13.57	12.25	13.13	11.81
$D99/\mu m$	18.41	16.57	16.33	16.15	14.49	15.83	14.11

注：开机总时长3h，耗电量4.8kW·h，平均每小时耗电量1.6kW·h。

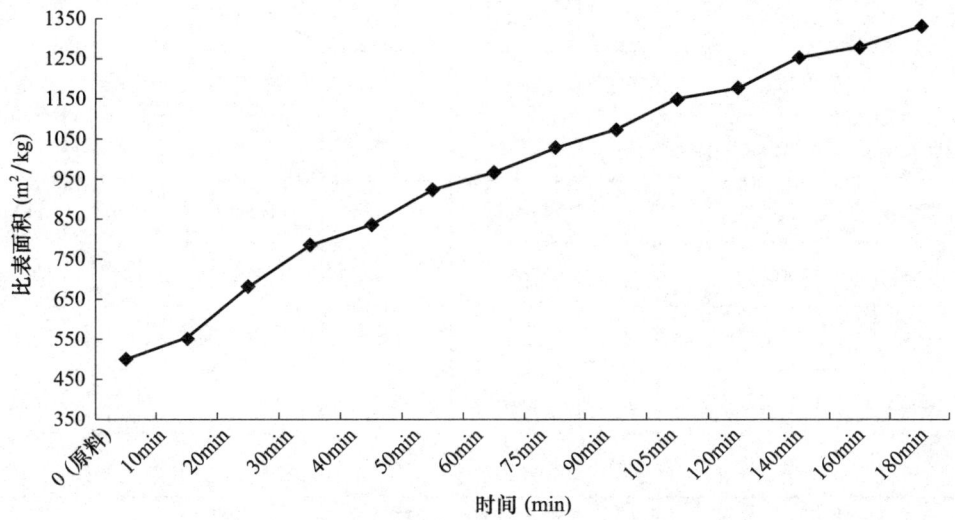

图2-29　60％填充率下的粉煤灰比表面积变化曲线图

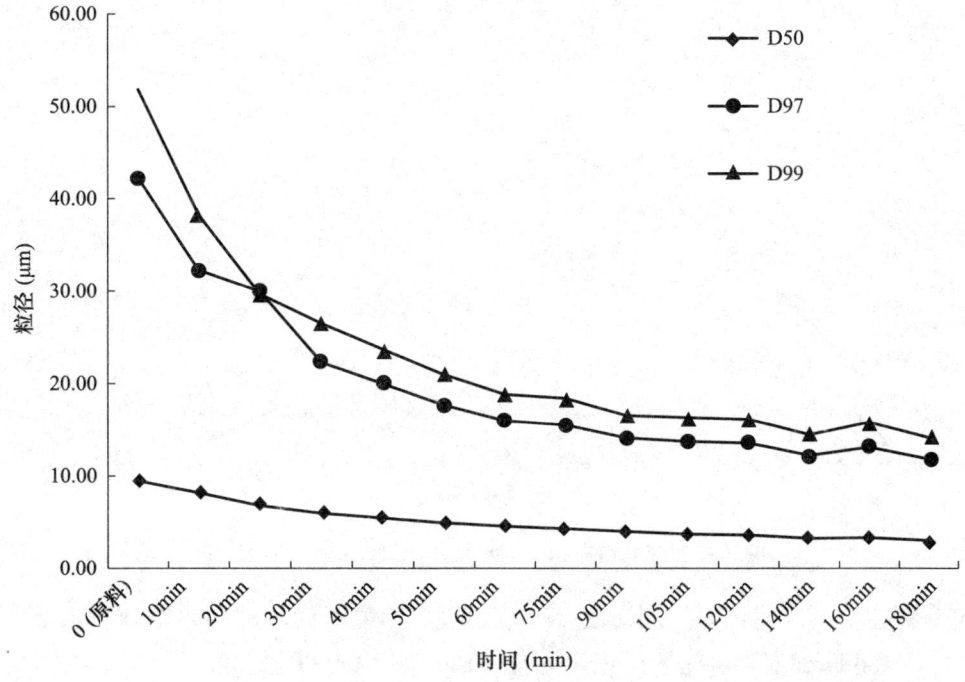

图2-30　60％填充率下的粉煤灰粒径（D50/D97/D99）随时间变化曲线图

④ 填充率65%时，固定料球比1∶12，改变粉磨时间，此时，钢球质量31.34kg，粉煤灰2.61kg，细度随时间变化规律见表2-12、图2-31～图2-32。

表2-12　65%填充率时粉煤灰比表面积随时间变化表

研磨时间	0min（原料）	10min	20min	30min	40min	50min	60min
比表面积（m²/kg）	432.65	595.06	736.20	850.14	927.10	992.12	1039.62
$D_{50}/\mu m$	10.89	7.89	6.40	5.33	4.76	4.43	4.23
$D_{97}/\mu m$	48.39	30.84	23.01	19.78	17.48	16.04	15.60
$D_{99}/\mu m$	58.96	37.02	27.25	23.58	20.89	18.95	18.50
研磨时间	75min	90min	105min	120min	140min	160min	180min
比表面积（m²/kg）	1098.54	1113.87	1184.11	1218.80	1258.58	1270.76	1323.19
$D_{50}/\mu m$	3.88	3.74	3.54	3.28	3.30	3.14	3.05
$D_{97}/\mu m$	14.07	13.92	13.37	12.33	12.26	11.36	11.22
$D_{99}/\mu m$	16.55	16.46	15.98	14.58	14.52	13.26	13.17

注：开机总时长3h，耗电量5.4kW·h，平均每小时耗电量1.8kW·h。

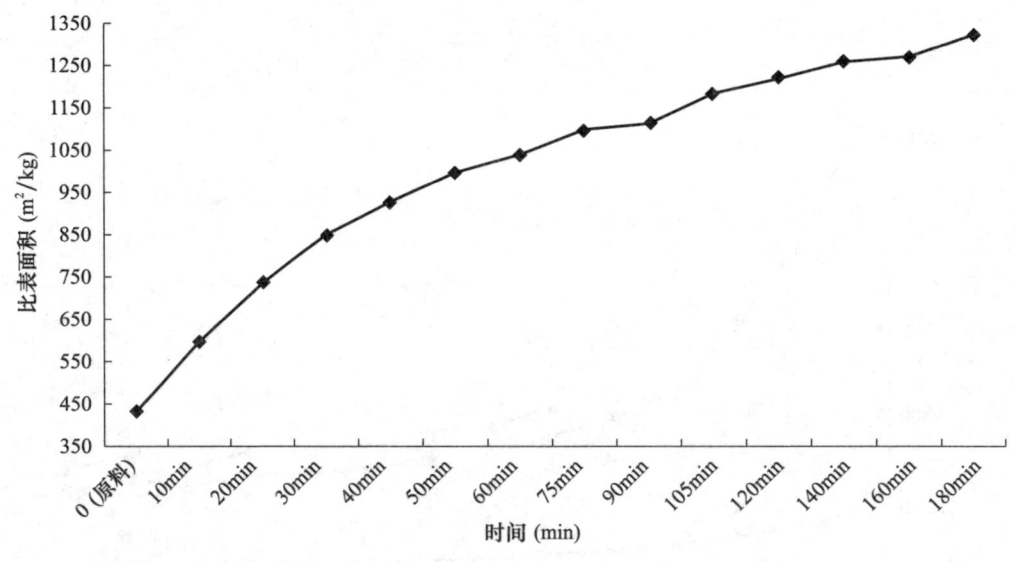

图2-31　65%填充率下的粉煤灰比表面积变化曲线图

⑤ 填充率70%时，固定料球比1∶12，改变粉磨时间，此时，钢球质量33.8kg，粉煤灰2.82kg，细度随时间变化规律见表2-13、图2-33～图2-34。

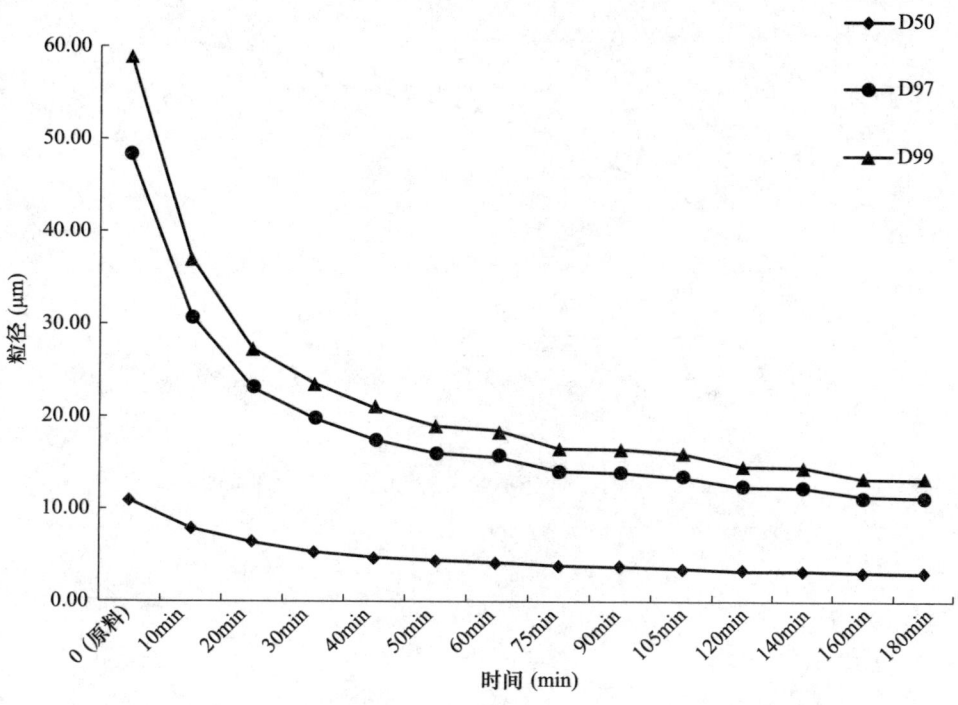

图 2-32 65％填充率下的粉煤灰粒径（D50/D97/D99）随时间变化曲线图

表 2-13 70％填充率时粉煤灰比表面积随时间变化表

研磨时间	0min（原料）	10min	20min	30min	40min	50min	60min
比表面积（m^2/kg）	555.32	683.85	804.08	875.29	964.14	1022.56	1058.15
D50/μm	8.76	7.30	5.87	5.33	4.79	4.32	4.18
D97/μm	39.12	20.49	23.18	20.27	19.01	15.83	15.75
D99/μm	47.65	36.72	27.39	24.04	23.04	18.74	18.73

研磨时间	75min	90min	105min	120min	140min
比表面积（m^2/kg）	1085.73	1181.30	1197.16	1238.24	1311.22
D50/μm	3.93	3.73	3.51	3.30	3.12
D97/μm	13.80	14.68	13.36	12.34	12.05
D99/μm	16.28	17.78	15.95	14.59	14.35

注：开机总时长 2h20min，耗电量 4.0kW·h，平均每小时耗电量 1.72kW·h。

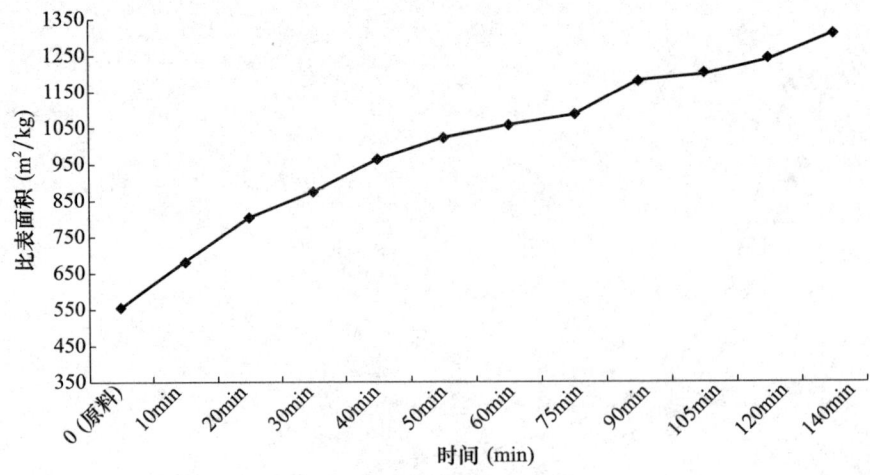

图 2-33　70％填充率下的粉煤灰比表面积变化曲线图

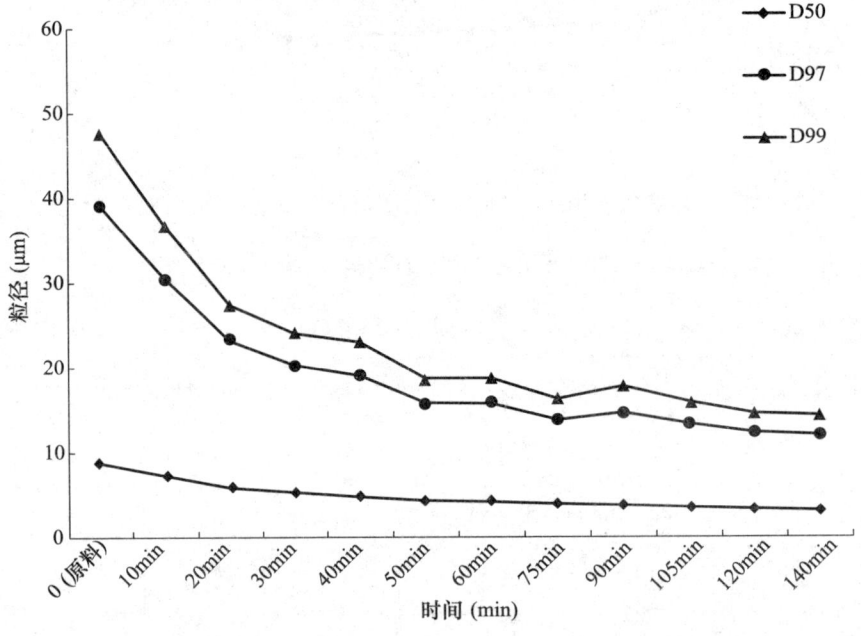

图 2-34　70％填充率下的粉煤灰粒径（D50/D97/D99）随时间变化曲线图

⑥ 填充率75％时，固定料球比1∶12，改变粉磨时间，此时，钢球质量36.1kg，粉煤灰3kg，细度随时间变化规律见表2-14、图2-35～图2-36。

表 2-14　75％填充率时粉煤灰比表面积随时间变化表

研磨时间	0min（原料）	10min	20min	30min	40min	50min	60min
比表面积（m²/kg）	405.06	602.92	674.47	725.95	818.28	880.18	915.74
D50/μm	11.22	7.69	6.76	6.08	5.31	4.88	4.66
D97/μm	48.83	28.88	23.67	20.60	18.36	17.34	16.03
D99/μm	59.32	34.00	27.61	24.17	21.55	20.68	18.78

续表

研磨时间	75min	90min	105min	120min	140min	160min	180min
比表面积（m²/kg）	1026.50	1077.14	1133.41	1141.18	1210.98	1267.74	1293.85
D50/μm	4.23	4.01	3.77	3.68	3.45	3.20	3.20
D97/μm	15.44	14.92	13.97	13.65	13.59	12.47	12.21
D99/μm	18.37	17.97	16.56	16.24	16.24	14.79	14.52

注：开机总时长 3h，耗电量 4.0kW·h，平均每小时耗电量 1.72kW·h。

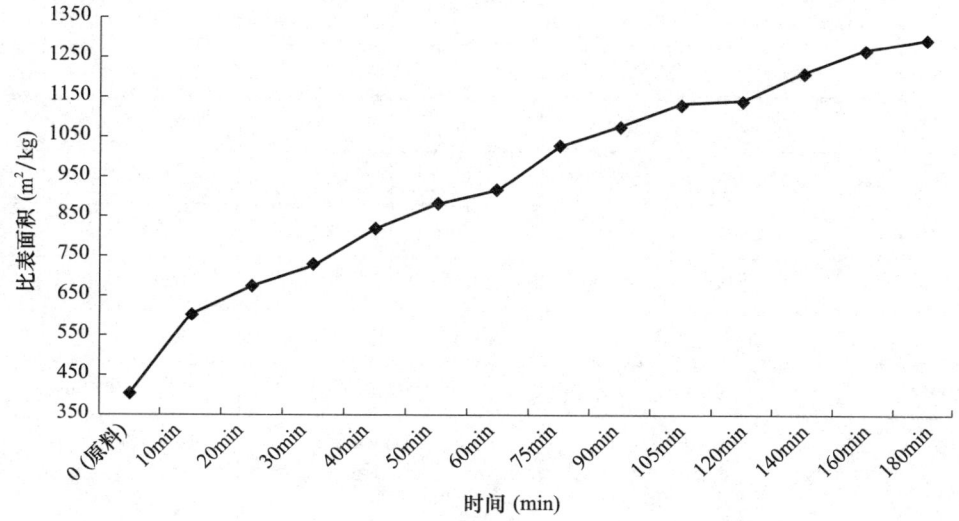

图 2-35　75%填充率下的粉煤灰比表面积变化曲线图

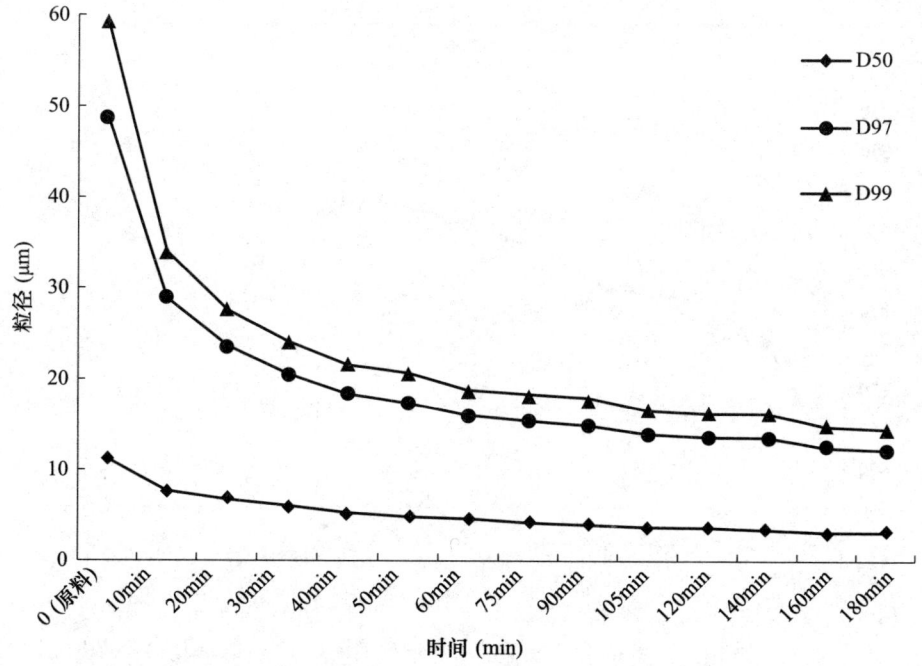

图 2-36　75%填充率下的粉煤灰粒径（D50/D97/D99）随时间变化曲线图

⑦ 填充率80％时，固定料球比1∶12，改变粉磨时间，此时，钢球质量38.5kg，粉煤灰3.2kg，细度随时间变化规律见表2-15、图2-37～图2-38。

表 2-15　80％填充率时粉煤灰比表面积随时间变化表

研磨时间	0min（原料）	10min	20min	30min	40min	50min	60min
比表面积（m²/kg）	534.46	768.22	779.96	882.09	900.74	980.14	1034.62
D50/μm	9.39	6.57	6.19	5.33	5.14	4.57	4.26
D97/μm	43.17	28.23	23.15	20.27	19.28	16.20	15.83
D99/μm	53.19	33.73	27.21	24.01	23.14	19.02	18.75
研磨时间	70min	80min	90min	100min	110min	120min	
比表面积（m²/kg）	1075.07	1117.35	1116.41	1151.47	1170.04	1218.35	
D50/μm	4.08	3.88	3.76	3.68	3.66	3.55	
D97/μm	15.28	14.20	14.02	13.68	13.75	13.48	
D99/μm	18.26	16.77	16.56	16.27	16.37	16.11	
研磨时间	140min		160min		180min		
比表面积（m²/kg）	1260.70		1264.20		1307.21		
D50/μm	3.31		3.31		3.18		
D97/μm	12.39		12.25		12.14		
D99/μm	14.64		14.52		14.47		

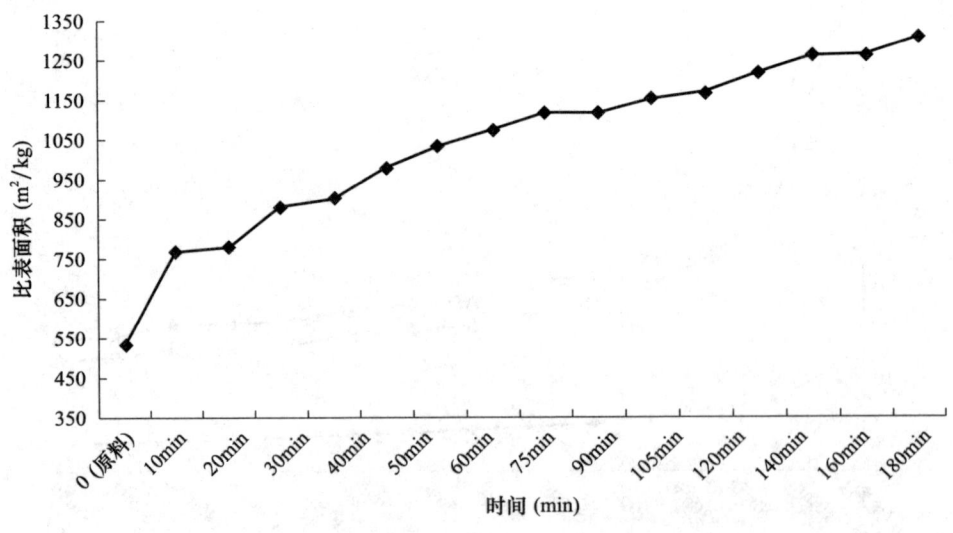

图 2-37　80％填充率下的粉煤灰比表面积变化曲线图

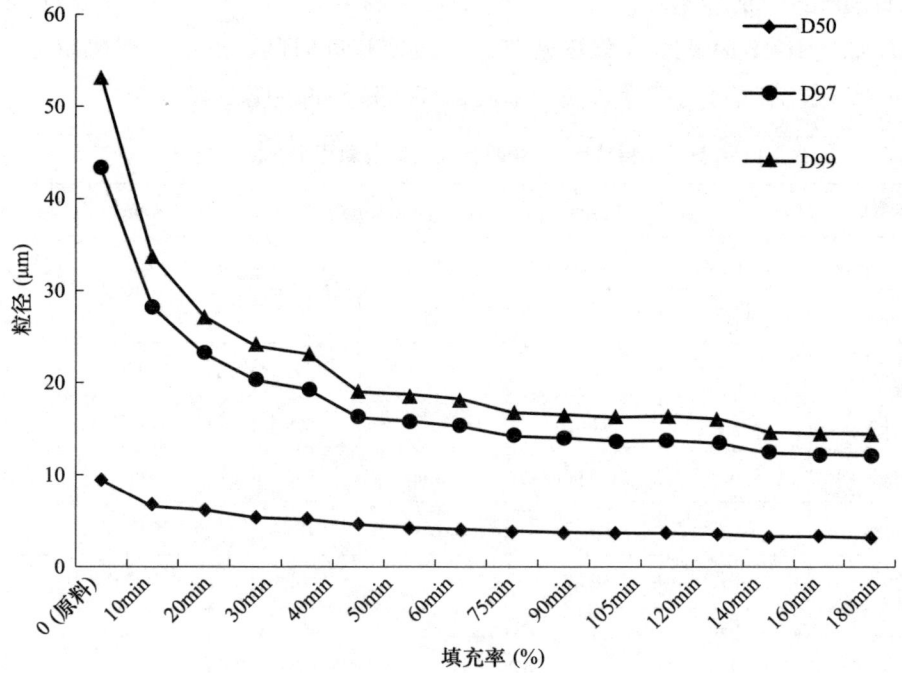

图 2-38 80％填充率下的粉煤灰粒径（D50/D97/D99）随时间变化曲线图

结合以上试验数据，填充率 50％～80％振动磨粉磨粉煤灰试验，试验结论如表 2-16 所示。

表 2-16 不同填充率下振动磨粉磨粉煤灰试验结果

填充率	钢球质量	粉煤灰质量	磨至 1300 m²/kg 用时	耗电量	每 1L 产量	每 1L 电耗	每 1kg 耗电量
50％	24.11	2.01	3h	4.7kW·h	0.18kg	0.43kW·h	2.34kW·h
55％	26.52	2.21	2h40min	4.7kW·h	0.20kg	0.43kW·h	2.13kW·h
60％	28.9	2.41	3h	4.8kW·h	0.22kg	0.44kW·h	1.99kW·h
65％	31.34	2.61	3h	5.4kW·h	0.24kg	0.49kW·h	1.50kW·h
70％	33.8	2.82	2h20min	4.0kW·h	0.26kg	0.36kW·h	1.42kW·h
75％	36.1	3.0	3h	4.0kW·h	0.27kg	0.36kW·h	1.33kW·h
80％	38.5	3.2	3h	5.1kW·h	0.29kg	0.46kW·h	1.60kW·h

经过多组实验对比，目前可初步断定振动磨在 70％填充率下粉磨效率较佳，因此固定填充率为 70％，改变磨机料球比，探究最佳料球比实验。

（2）不同料球比

探究粉煤灰在固定填充率为 70％，不同料球比下（1∶8～1∶12）粉磨至比表面积 1300m²/kg 时所用时间及耗电量。

所有入磨钢球保证干燥；入磨粉料保证干燥，所有钢球粉料均在一个管内振动粉磨。第 1h 每 10min 出磨检测，2～3h 每 15min 出磨检测，3～4h 每 20min 出磨检测，

4h 之后每 30min 出磨检测。

① 料球比 1∶8 时，固定填充率 70%，改变粉磨时间，此时，钢球质量 33.8kg，粉煤灰 4.23kg，细度随时间变化规律见表 2-17、图 2-39～图 2-40。

表 2-17　料球比 1∶8 时粉煤灰比表面积随时间变化表

研磨时间	0min（原料）	10min	20min	30min	40min	50min
比表面积（m²/kg）	521.23	541.8	651.12	729.81	820.05	835.8
D50μm	9.48	8.7	6.89	6.25	5.52	5.37
D97μm	42.9	34.34	25.26	22.26	20.17	19.42
D99μm	52.36	41.37	29.79	26.43	23.92	23.18
研磨时间时间	60min	75min	90min	105min	120min	140min
比表面积（m²/kg）	883.63	922.52	991.43	1013.7	1041.25	1070.77
D50μm	5.1	4.87	4.47	4.36	4.21	4.09
D97μm	17.79	17.48	16.04	15.75	15.4	15.33
D99μm	21.09	20.86	18.96	18.68	18.36	18.3
研磨时间	160min	180min	210min	240min	270min	300min
比表面积（m²/kg）	1123.39	1153.1	1198.81	1241.02	1271.7	1314.33
D50μm	3.77	3.72	3.6	3.46	3.4	3.21
D97μm	13.82	13.59	13.67	13.3	13.31	12.26
D99μm	16.39	16.22	16.26	15.95	15.99	14.58

注：开机总时长 5h，总耗电量 9.5kW·h，平均每小时耗电量 1.9kW·h。

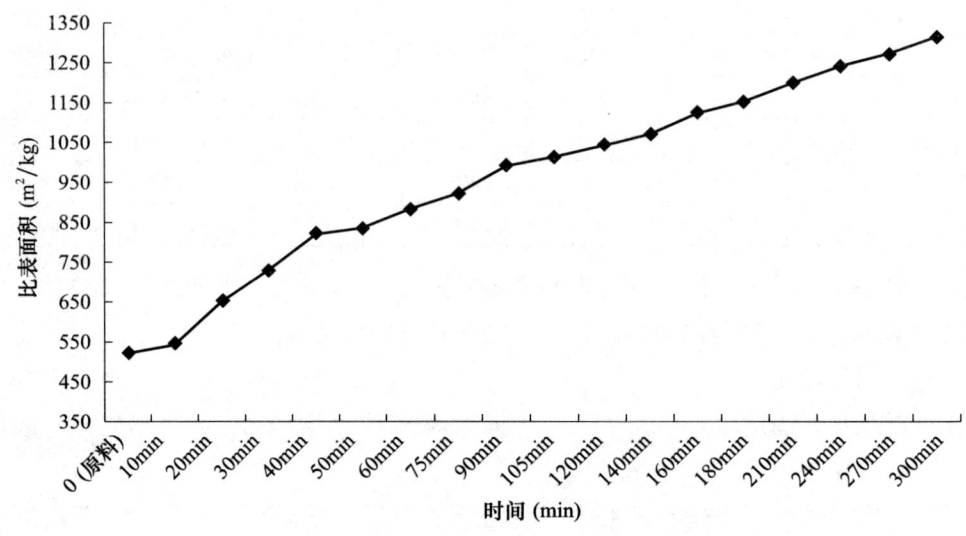

图 2-39　70% 填充率下的 1∶8 料球比粉煤灰比表面积变化曲线图

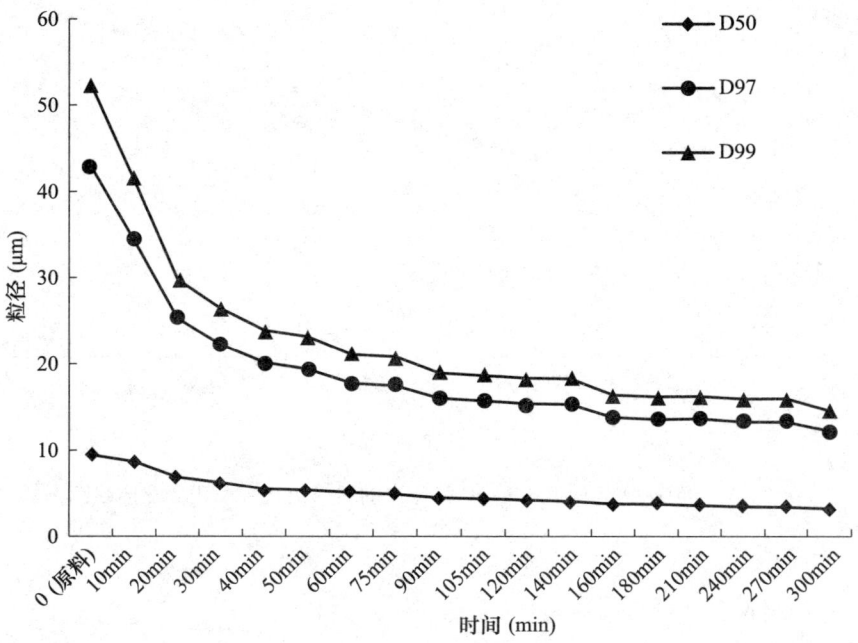

图 2-40　70％填充率下的 1∶8 料球比粉煤灰粒径（D50/D97/D99）随时间变化曲线图

② 料球比 1∶10 时，固定填充率 70％，改变粉磨时间，此时，钢球质量 33.8g，粉煤灰 3.38kg，细度随时间变化规律见表 2-18、图 2-41～图 2-42。

表 2-18　料球比 1∶10 时粉煤灰比表面积随时间变化表

研磨时间	0min（原料）	10min	20min	30min	40min	50min	60min
比表面积（m²/kg）	477.53	658.83	733.92	806.17	866.5	908.5	944.55
$D50\mu m$	10.07	6.41	6.31	5.73	5.26	4.85	4.69
$D97\mu m$	44.22	28.14	23.14	20.41	19.64	17.79	16.97
$D99\mu m$	53.35	33.76	27.14	24.05	23.46	21.15	20.37
研磨时间	75min	90min	105min	120min	140min	160min	180min
比表面积（m²/kg）	999.82	1051.64	1108.43	1147.25	1192.13	1239.7	1299.43
$D50\mu m$	4.38	4.14	3.95	3.82	3.54	3.46	3.2
$D97\mu m$	15.84	15.17	14.92	14.88	13.59	13.54	12.45
$D99\mu m$	18.75	18.13	17.97	17.9	16.22	16.2	14.74

注：开机总时长 3h，耗电量 6.5kW·h，平均每小时耗电量 2.17kW·h。

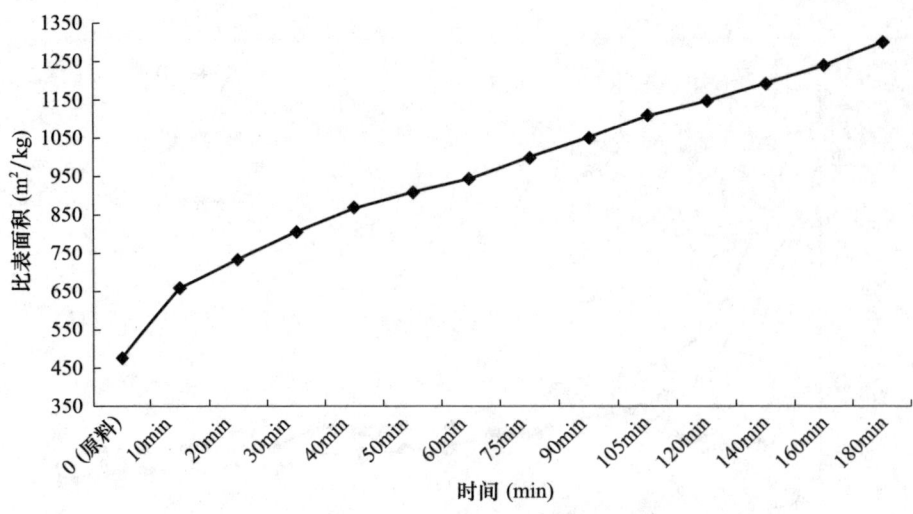

图 2-41　70%填充率下，1∶10 料球比的粉煤灰比表面积变化曲线图

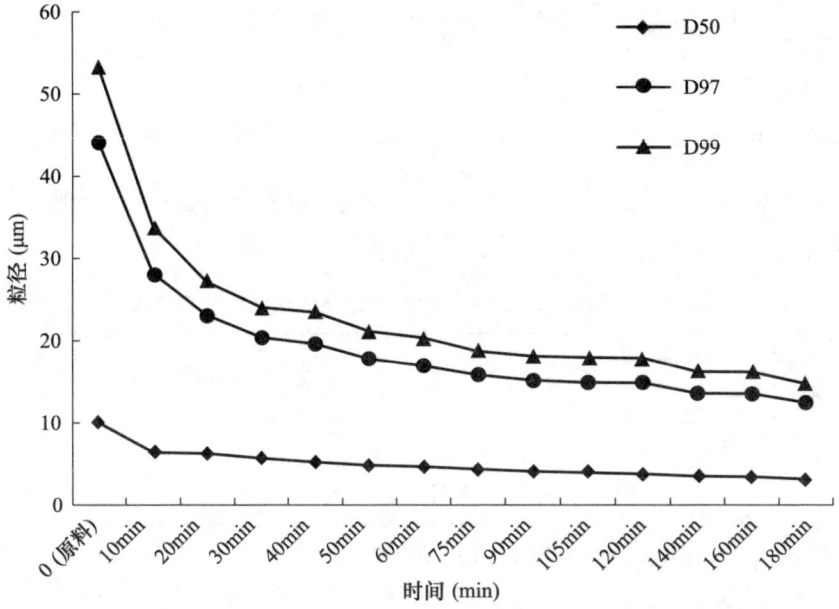

图 2-42　70%填充率下，1∶10 料球比的粉煤灰粒径（D50/D97/D99）随时间变化曲线图

③料球比 1∶12 时，固定填充率 70%，改变粉磨时间，此时，钢球质量 33.8g，粉煤灰 2.41kg，细度随时间变化规律见表 2-19、图 2-43～图 2-44。

表 2-19　料球比 1∶12 时粉煤灰比表面积随时间变化表

研磨时间	0min（原料）	10min	20min	30min	40min	50min	60min
比表面积（m²/kg）	436.53	792.42	827.74	860.58	934.08	988.39	1058.68
D50μm	10.72	6.2	5.64	5.35	4.91	4.49	4.28
D97μm	44.38	26.4	22.1	19.74	17.91	17.35	16.76
D99μm	53.64	32.44	26.31	23.49	21.2	20.83	20.27

续表

研磨时间	75min	90min	105min	120min	140min	160min
比表面积（m²/kg）	1110.42	1156.17	1213.41	1233.25	1268.71	1326.62
D50μm	3.95	3.72	3.69	3.9	3.24	3.09
D97μm	15.27	14.89	15.14	13.85	12.51	12.28
D99μm	18.29	17.98	18.26	16.52	14.79	14.57

注：开机总时长2h40min，耗电量4.2kW·h，平均每小时耗电量1.57kW·h。

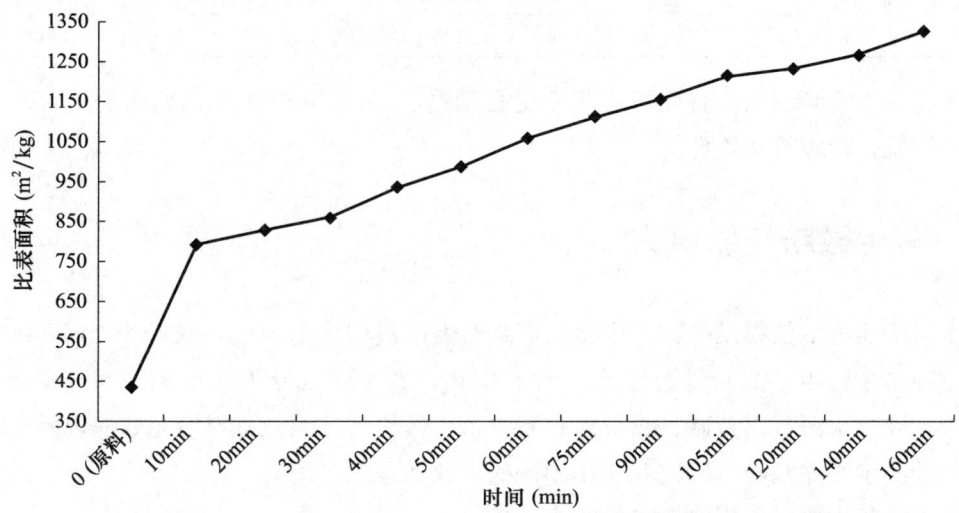

图2-43　70%填充率下，料球比1∶12的粉煤灰比表面积变化曲线图

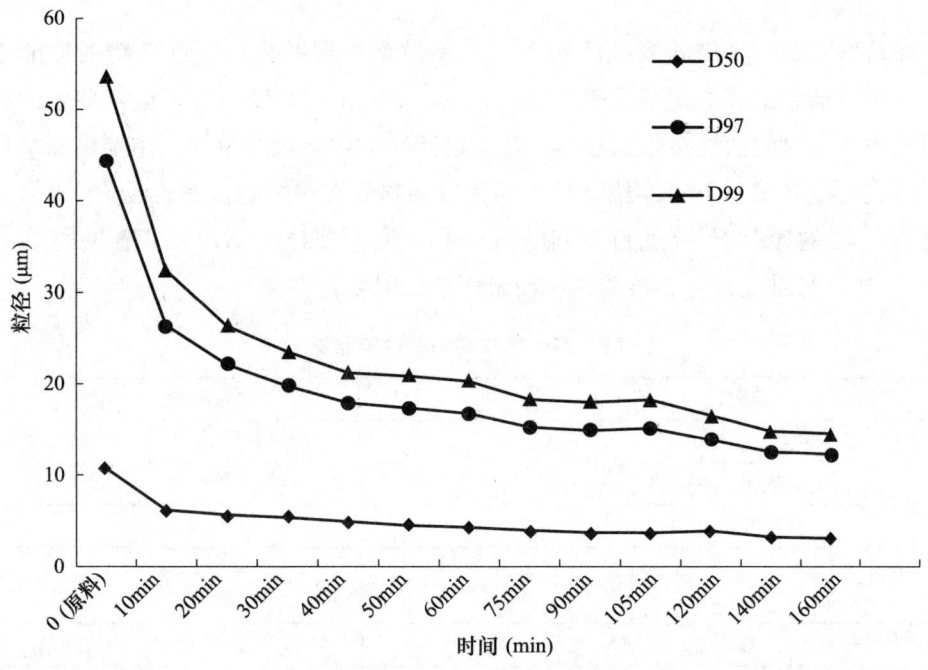

图2-44　70%填充率下，料球比1∶12的粉煤灰粒径（D50/D97/D99）随时间变化曲线图

在固定填充率70%下,将料球比改变分别为1∶8、1∶10、1∶12,探究振动磨最佳料球比,实验结果见表2-20。

表2-20 不同料球比下振动磨粉磨粉煤灰试验结果

料球比	钢球质量	粉煤灰质量	磨至1300 m^2/kg 用时	耗电量	每1L产量	每1L电耗	每1kg耗电量
1∶8	33.8	4.23	5h	9.5kW·h	0.38kg	0.86kW·h	2.25kW·h
1∶10	33.8	3.38	3h	6.5kW·h	0.31kg	0.59kW·h	1.94kW·h
1∶12	33.8	2.82	2h20min	4.0kW·h	0.26kg	0.36kW·h	1.42kW·h

经过多组实验对比,目前可初步断定振动磨在70%填充率下料球比为1∶12时单位电耗较低,粉磨效率较佳。

2.3 再生微粉性能研究

本书所述再生微粉是指在再生粗、细骨料生产过程中形成的,粒径小于75μm的颗粒,也叫再生粉体。占原料质量的10%~20%,其主要成分为未水化的部分水泥、惰性材料、硬化水泥石以及砂、石骨料碎屑。再生微粉良好的微骨料填充效应以及火山灰效应已受到了水泥基材料研究和应用领域的青睐和重视。

再生微粉主要分为废混凝土粉、废砖粉。

2.3.1 废红砖粉

由建筑拆除现场收集的废红砖粉进行简单烘干处理所得,废红砖粉的性能参数见表2-21,废红砖粉的化学组成见表2-22;由表2-21和表2-22可知,废红砖粉的比表面积相对较小,此时的活性指数也较小;从废红砖粉的化学成分可知,主要由二氧化硅和氧化铝组成,主要来源于制砖黏土[11]。将废红砖粉先在烘箱中控制温度为105℃进行烘干,将烘干后的废红砖粉进行X射线衍射分析(XRD),XRD图谱见图2-45。由图2-45可知,有对应石英、碳酸钙和白云石的衍射峰存在。

表2-21 废红砖粉的性能参数

项目	实测值
密度(g·cm^{-3})	2.707
比表面积(m^2/kg)	399.17
活性指数(%)	69

表2-22 废红砖粉的化学成分　　　　　　　　　　%

化学成分	SiO_2	CaO	Al_2O_3	Fe_2O_3	SO_3	MgO	K_2O	Na_2O	其他
质量分数	68.71	1.40	15.96	4.87	0.12	1.66	1.68	1.89	3.71

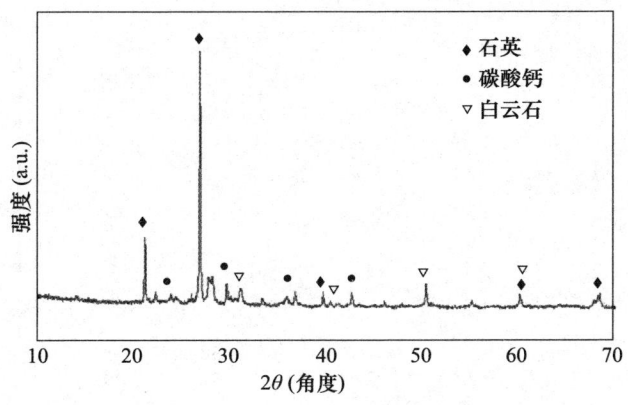

图 2-45 废红砖粉的 XRD 图谱

2.3.2 废混凝土粉

废混凝土粉由建筑拆除现场收集的碎混凝土块进行简单烘干处理所得，废混凝土粉的性能参数见表 2-23，化学组成见表 2-24；由表 2-23 和表 2-24 可知，废混凝土粉的比表面积相对较小，此时的活性也不高；从废混凝土粉的化学组成可知，主要由二氧化硅、氧化铝和氧化钙组成，二氧化硅、氧化铝主要来源于砂、水泥水化产物及未水化的水泥，氧化钙则来源于混凝土中水泥的水化产物及未水化的水泥[12]。将废混凝土粉先在烘箱中控制温度为 105℃后烘干，将烘干后的废混凝土粉进行 XRD 试验，废混凝土粉的 XRD 图谱见图 2-46。由图 2-46 可知，衍射角为 20°～30°范围内有对应石英、碳酸钙和白云石的衍射峰，废混凝土粉中的石英主要来源于混凝土中磨细的砂。

表 2-23 废混凝土粉的性能参数

项目	实测值
密度（g·cm^{-3}）	2.598
比表面积（m^2/kg）	390
活性指数（%）	68.3

表 2-24 废混凝土粉的化学组成　　　　　　　　　　　　　　%

化学成分	SiO$_2$	CaO	Al$_2$O$_3$	Fe$_2$O$_3$	SO$_3$	MgO	K$_2$O	Na$_2$O
质量分数	58.27	10.57	10.61	2.54	0.36	1.36	1.92	1.79

2.3.3 再生微粉的高效活化

由相关试验数据可知，废红砖粉和废混凝土粉均具有一定的活性，废红砖粉的活性主要来自具有火山灰活性的硅、铝矿物。废混凝土粉主要由未水化的水泥颗粒、已水化的水泥石和砂石骨料细粉组成[13]。活性主要取决于未水化的胶凝材料和具有潜在活性的组分，如果再生微粉在制备过程中进行磨细处理和适当的温度控制，或者在使用过程

47

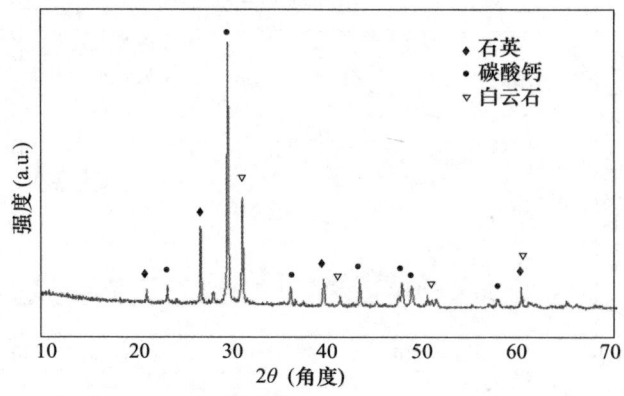

图 2-46 废混凝土粉的 XRD 图谱

中加入适当的激发剂,或者几种措施同时采取,可以提高其活性。

为了进一步提高再生微粉的活性,首先采用机械活化的方法,对再生微粉进行粉磨,按照 0min、10min、20min、30min、40min、50min、60min 的粉磨时间来研究不同细度下再生微粉的活性变化情况。

(1) 粉磨

试验采用 3ZM35 型振动研磨机对再生微粉进行粉磨处理。每次取 5kg 废红砖粉和废混凝土粉,将粉磨时间按 0min、10min、20min、30min、40min、50min、60min 进行粉磨,最后收集并编号粉磨过的粉体。

将不同粉磨时间的粉体用 NKT2020-(L)型激光粒度分析仪(图 2-47)测定比表面积,得到废红砖粉细度随粉磨时间的变化规律(表 2-25),废混凝土粉细度随粉磨时间的变化规律如表 2-26 所示,废红砖粉和废混凝土粉的细度与粉磨时间的关系如图 2-48~图 2-50 所示。

图 2-47 NKT2020-(L)型激光粒度分析仪

表 2-25 废红砖粉细度随粉磨时间变化

粉磨时间	0min	10min	20min	30min	40min	50min	60min
比表面积（m^2/kg）	399.17	559.92	639.03	755.24	819.16	873.97	963.16
$D_{50}/\mu m$	11.05	8.03	7.05	5.79	5.58	4.95	4.50
$D_{97}/\mu m$	44.21	28.20	23.75	20.18	18.55	16.39	15.29
$D_{99}/\mu m$	53.29	33.35	27.65	23.98	21.64	19.16	18.25

表 2-26 废混凝土粉细度随粉磨时间变化

粉磨时间	0min	10min	20min	30min	40min	50min	60min
比表面积（m^2/kg）	390	520	590	710	780	825	843
$D_{50}/\mu m$	12.14	8.25	7.59	6.13	5.88	5.29	4.97
$D_{97}/\mu m$	42.21	30.56	27.15	24.56	21.78	18.74	17.45
$D_{99}/\mu m$	54.26	33.59	28.46	24.78	22.63	19.77	18.64

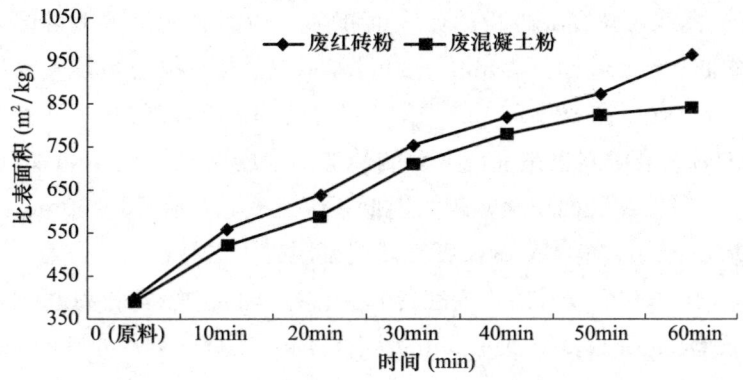

图 2-48 不同粉磨时间下废砖粉与废混凝土粉比表面积变化曲线图

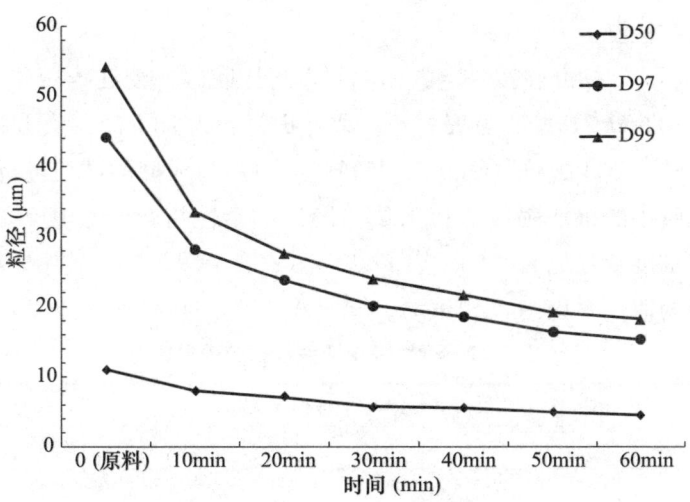

图 2-49 废砖粉粒径（$D_{50}/D_{97}/D_{99}$）随时间变化曲线图

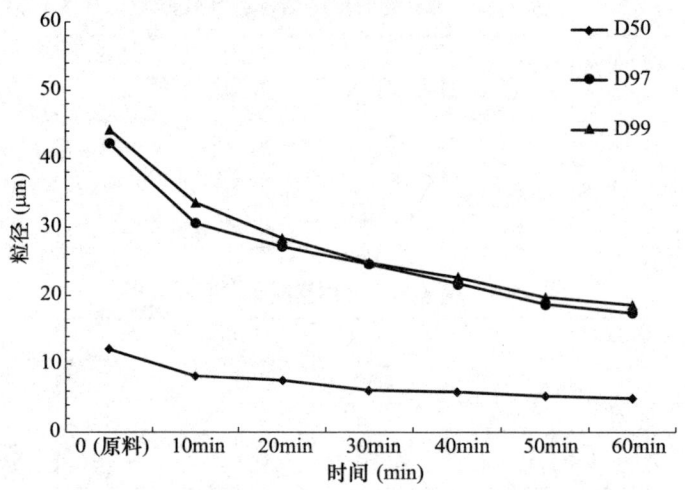

图 2-50　废混凝土粉粒径（D50/D97/D99）随时间变化曲线图

从图 2-48 的曲线可知废红砖粉的比表面积随着粉磨时间呈现上升的趋势，当粉磨时间从 0min 增加 10min 继而到 20min、30min 时，比表面积增幅较大，每 10min 比表面积可增加 100m²/kg，在 30～60min 之间，比表面积增幅较前 30min 减小；废混凝土粉的比表面积随着粉磨时间也是呈现上升的趋势，当粉磨时间从 0min 增加 10min 继而到 20min、30min 时，比表面积增幅较大但低于废红砖粉，在 30～60min 之间，比表面积增幅较前 30min 减小。整体来看，废红砖较废混凝土更易粉磨。

从图 2-49、图 2-50 可以看出，废红砖和废混凝土的粒径均随粉磨时间的延长而降低，其中，在粉磨 1h 后 D50 降低至 5μm 以下，D97 及 D99 均从原来的 40μm 以上减小至 20μm 以下。

综上所述，通过振动研磨机的研磨可使废红砖粉、废混凝土粉的粒径减小，比表面积增大。

（2）活性指数检测

将水泥、水、ISO 标准砂按一定的比例制作对比胶砂，废红砖粉和废混凝土粉分别制作试验胶砂 1 和胶砂 2，配方见表 2-27。取养护时间为 7d 和 28d 的试块，按照《水泥胶砂强度检验方法（ISO 法）》（GB/T 17671—2021）对成型的试块进行抗压强度试验，试验胶砂和对比胶砂的抗压强度之比为试验胶砂的活性指数[14]。废红砖粉、废混凝土粉的活性指数随细度变化见表 2-28～表 2-29、图 2-51～图 2-52。其中，废红砖粉与废混凝土粉在水泥中的取代率均按 30％试验。

表 2-27　再生微粉活性指数胶砂配比

胶砂种类	水泥/（g）	废红砖粉/（g）	废混凝土粉/（g）	砂/（g）	水/（g）
对比胶砂	450	—	—	1350	225
试验胶砂 1	315	135	—	1350	225
试验胶砂 2	315	—	135	1350	225

表 2-28　废红砖粉活性指数随细度变化

比表面积（m²/kg）	399.17	559.92	639.03	755.24	819.16	873.97	963.16
7d 活性指数（%）	69.36	73.15	75.65	78.63	82.19	82.54	84.15
28d 活性指数（%）	71.15	76.56	78.65	82.23	85.63	88.59	90.15

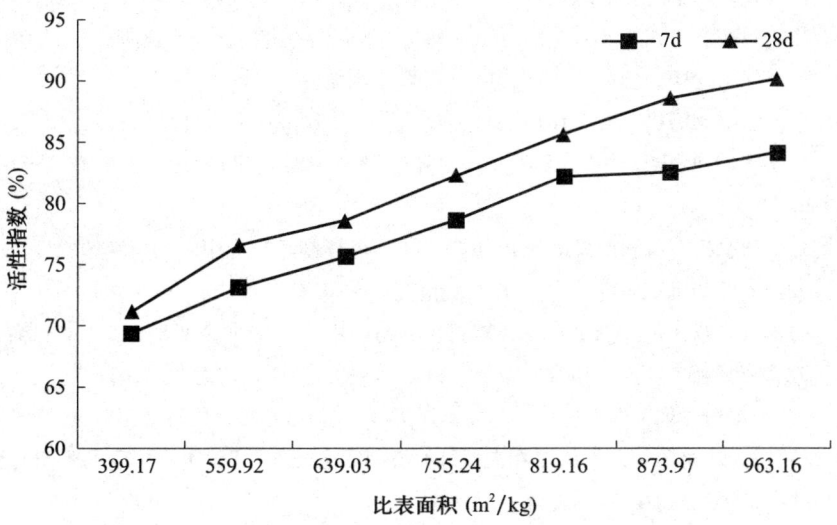

图 2-51　废红砖粉在不同比表面积下 7d、28d 活性指数

表 2-29　废混凝土粉活性指数随细度变化

比表面积（m²/kg）	390	520	590	710	780	825	843
7d 活性指数（%）	68.12	71.33	74.28	75.36	77.59	81.26	85.36
28d 活性指数（%）	70.96	75.56	79.59	83.79	85.72	86.14	89.15

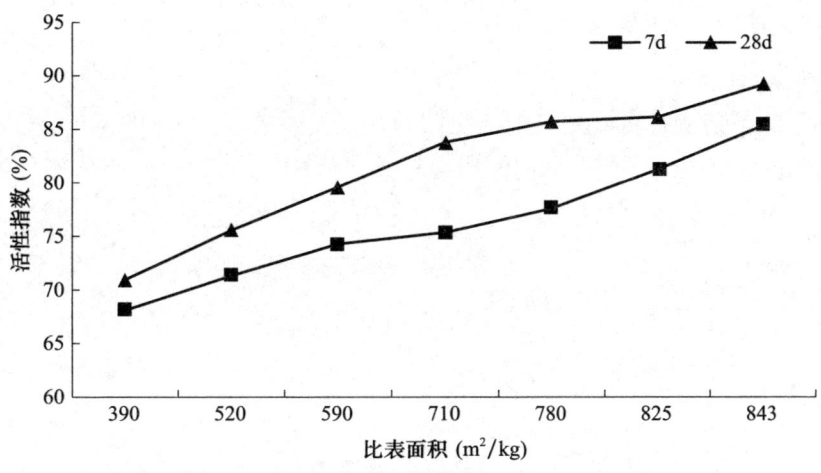

图 2-52　废混凝土粉不同比表面积下 7d、28d 活性指数

由图 2-51 和图 2-52 可知，废红砖粉与废混凝土粉的活性指数随着比表面积的增大

呈现上升的趋势,这是因为通过粉磨使晶体矿物的结构发生畸变,从而使粉体的活性提高。

参考文献

[1] 卢洪波,廖清泉,司常钧.建筑垃圾处理与处置[M].郑州:河南科学技术出版社,2016.

[2] 杜晓蒙.建筑垃圾及工业固废再生混凝土[M].北京:中国建材工业出版社,2020.

[3] 范业斌.浅谈原料立磨的选粉与操作[J].新世纪水泥导报,2021,27(1):27-29.

[4] 周佳佳,李佳恒.球磨机介质工作理论与实践[J].中国战略新兴产业,2018(36):184.

[5] 张元元,黄宋魏,和丽芳,等.球磨机自动加球设备现状及发展[J].矿产综合利用,2016,(4):16-20.

[6] 吕佳,杨月.球磨机在我国的发展现状分析[J].科技创新与应用,2015(10):106.

[7] 王伟.雷蒙磨的磨碎机理研究[J].山东工业技术,2018(11):7.

[8] 刘荣贵,郭彬仁,章仕亿.新型离心环辊磨研制与应用[J].非金属矿,2004,(3):45-47.

[9] 乔博磊.新型立式振动研磨机研究与设计[D].西安:陕西科技大学,2017.

[10] 侯彤.振动磨在粉体加工中的应用[J].化工矿物与加工,2014,43(10):46-47.

[11] 刘琼,肖建庄.建筑固废再生微粉在混凝土中的应用研究:第七届全国砂石骨料行业科技大会论文集[C].北京:中国砂石协会,2020:84-89.

[12] 张晓蕾.高速公路废旧混凝土再生微粉性能探究[J].中国公路,2021(15):96-97.

[13] 李秀领,吴睿,郭强.再生微粉混凝土轴压性能试验研究[J].山东建筑大学学报,2021,36(5):11-19.

[14] 国家市场监督管理总局,国家标准化管理委员会.水泥胶砂强度检验方法(ISO法):GB/T 17671—2021[S].北京:中国标准出版社,2021:12.

3 建筑垃圾及工业固废制备再生水泥

3.1 原材料及技术路线

本节中所述再生水泥也称碱激发胶凝材料，由于在原材料中引入了部分建筑垃圾再生微粉，且反应机理不同于传统硅酸盐水泥，因此在本书中称作再生水泥。

3.1.1 原材料

（1）矿渣粉

试验采用S95级粒化高炉矿渣粉，对其密度、比表面积、活性指数等基本技术指标进行检测，其性能符合《用于水泥、砂浆和混凝土中的粒化高炉矿渣粉》（GB/T 18046—2017）[1]。试验用矿渣粉的技术指标如表3-1所示。

表3-1 试验用S95级矿渣粉主要技术指标

比表面积 (m²/kg)	流动度比 (%)	SO_3含量 (%)	Cl^-含量 (%)	烧失量 (%)	活性指数 (%)	
					7d	28d
433	95	2.2	0.01	0.2	80	100

（2）粉煤灰

粉煤灰作为电厂排出的主要固体废物，如果不合理地处理利用，不仅对环境产生危害，还会对人类和生物产生影响。本试验采用的粉煤灰是Ⅱ级粉煤灰，我们对其化学成分、基本性能指标进行了检测，结果如表3-2、表3-3所示，其性能符合《用于水泥和混凝土中的粉煤灰》（GB/T 1596—2017）[2]。

表3-2 试验用粉煤灰的化学成分　　　　　　　　　　　　　　%

化学成分	CaO	Fe_2O_3	MgO	SiO_2	$Al_2O_3+TiO_2$	烧失量
质量分数	0.89	4.16	1.32	58.78	22.66	6.21

表3-3 试验用粉煤灰的技术指标　　　　　　　　　　　　　　%

细度	含水率	需水量比	烧失量	SO_3含量	28d活性指数
17.9	0.1	101	4.42	0.72	70.8

（3）再生微粉

再生微粉的相关性能见2.3节。

通过机械粉磨废红砖粉与废混凝土粉得到废红砖粉与废混凝土粉活性指数随比表面积的增大而提高的关系，因此，选取试验中粉磨时间为30min的废红砖粉为原材料进行后续试验。

3.1.2 技术路线

通过胶砂试验，分析不同激发剂种类及掺量复配时再生水泥制备砂浆的抗压强度，以确定固体废弃物高效化学激发技术方案。为减少体系过量的盐或碱在表面形成泛霜现象从而影响表面质量，以碱激发剂体系即氢氧化物加无机盐体系的激发剂方案制备胶砂试件，观察试件表面的泛霜情况，优选泛霜量少的方案。由于再生水泥的化学反应过程不完全等同于硅酸盐水泥，因此普通水泥混凝土的外加剂在碱激发材料系统里不一定适用。依托优选的再生水泥配比方案，通过系列适应性试验，优选减水剂种类和用量。以确定的固体废弃物高效化学激发技术方案为基础，以矿渣粉、再生微粉与碱激发剂为主要原材料制备矿渣-再生微粉基再生水泥混凝土，分析矿渣/再生微粉比例、不同水胶比配比下的再生水泥混凝土试件的抗压强度及方案成本，优选性价比高的再生水泥配比方案。

本章研究的技术路线如图3-1所示。

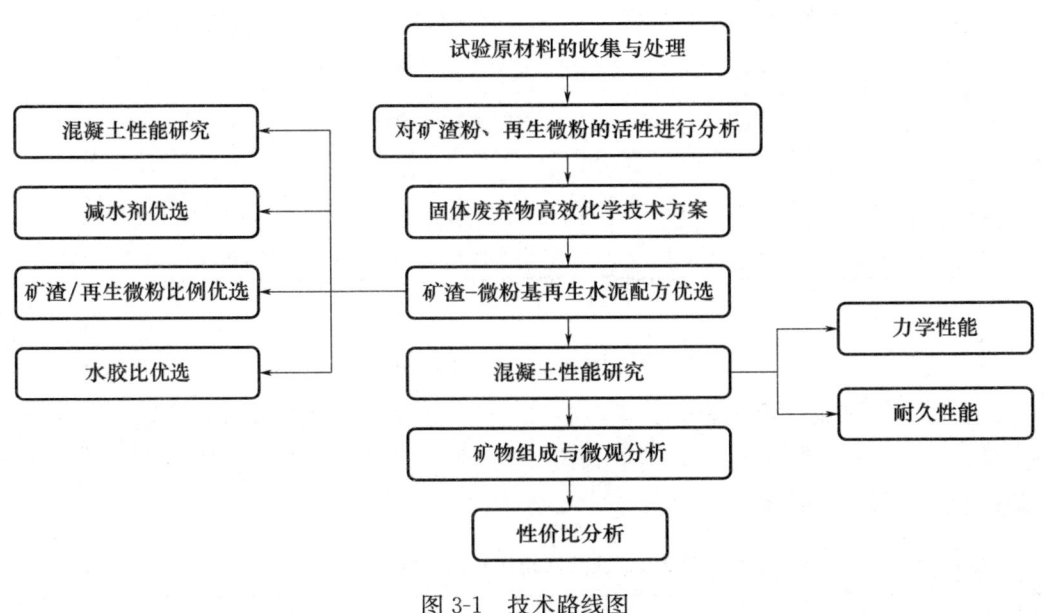

图3-1 技术路线图

3.2 矿渣-再生微粉基再生水泥材料优选

3.2.1 激发剂优选

通过水泥胶砂强度试验的方法确定不同激发剂种类及掺量复配时对固体废弃物活性

的影响，并测再生水泥胶砂试件的抗压强度，通过抗压强度值的大小反映激发剂种类及掺量复配时对固体废弃物活性的影响，最终确定固体废弃物高效化学激发技术方案。

激发剂体系共分为两种：分别是Ｐ·Ｏ52.5水泥加无机盐体系和氢氧化物加无机盐体系。其中Ｐ·Ｏ52.5水泥和氢氧化物为固定量，其他种类无机盐为变量。通过查阅文献和前期研究成果，确定激发剂Ｐ·Ｏ52.5水泥和氢氧化物的用量，分别为矿渣粉与再生微粉总用量的10%和4%。其他无机盐的掺量一般有一个变动的范围。例如，硅酸盐溶液的掺量为矿渣粉与再生微粉总用量的2%~12%，副产品石膏的掺量为矿渣粉与再生微粉的5%~15%，无机盐的掺量为矿渣粉与再生微粉的0.5%~4.0%。

胶砂试验按水胶比为0.5，胶凝材料选用矿渣与再生微粉比例为5:5，在Ｐ·Ｏ52.5水泥掺量为10%的条件下，将不同掺量的副产品石膏、碳酸盐、硫酸盐、氯盐、五水偏硅酸盐的试验组分为A、B、C、D、E 5组；在氢氧化物掺量为4%的条件下，将不同掺量的副产品石膏、碳酸盐、硫酸盐、氯盐、五水偏硅酸盐的试验组分为F、G、H、I、J五组；制备胶砂试块，测定胶砂试块抗压强度、抗折强度。其胶砂强度试验按照《水泥胶砂强度检验方法（ISO法）》（GB/T 17671—2021）[3]进行试验。

（1）Ｐ·Ｏ52.5水泥加无机盐的激发剂体系

将副产品石膏按照5%~15%的掺量，碳酸盐、硫酸盐、氯盐、五水偏硅酸盐按照0.5%~3%的掺量（所占胶凝材料的比例）进行胶砂试验，成型试块、拆模、标准养护，在7d和28d进行抗折、抗压强度的试验[4]。

试验组A-E组的胶砂配比见表3-4至表3-8。

表3-4 不同副产品石膏掺量下的胶砂配比

编号	副产品石膏掺量（%）	矿渣粉（g）	再生微粉（g）	标准砂（g）	水（g）	副产品石膏（g）	Ｐ·Ｏ52.5水泥（g）
A1	5	225	225	1350	225	22.5	45
A2	7.5	225	225	1350	225	33.75	45
A3	10	225	225	1350	225	45	45
A4	12.5	225	225	1350	225	56.25	45
A5	15	225	225	1350	225	67.5	45

表3-5 不同碳酸盐掺量下的胶砂配比

编号	碳酸盐掺量（%）	矿渣粉（g）	再生微粉（g）	标准砂（g）	水（g）	碳酸盐（g）	Ｐ·Ｏ52.5水泥（g）
B1	0.5	225	225	1350	225	2.25	45
B2	1	225	225	1350	225	4.5	45
B3	2	225	225	1350	225	9	45
B4	3	225	225	1350	225	13.5	45

表3-6　不同硫酸盐掺量下的胶砂配比

编号	硫酸盐掺量（%）	矿渣粉（g）	再生微粉（g）	标准砂（g）	水（g）	硫酸盐（g）	P·O 52.5水泥（g）
C1	0.5	225	225	1350	225	2.25	45
C2	1	225	225	1350	225	4.5	45
C3	2	225	225	1350	225	9	45
C4	3	225	225	1350	225	13.5	45

表3-7　不同氯盐掺量下的胶砂配比

编号	氯盐掺量（%）	矿渣粉（g）	再生微粉（g）	标准砂（g）	水（g）	氯盐（g）	P·O 52.5水泥（g）
D1	0.5	225	225	1350	225	2.25	45
D2	1	225	225	1350	225	4.5	45
D3	2	225	225	1350	225	9	45
D4	3	225	225	1350	225	13.5	45

表3-8　不同五水偏硅酸盐掺量下的胶砂配比

编号	五水偏硅酸盐掺量（%）	矿渣粉（g）	再生微粉（g）	标准砂（g）	水（g）	五水偏硅酸盐（g）	P·O 52.5水泥（g）
E1	0.5	225	225	1350	225	2.25	45
E2	1	225	225	1350	225	4.5	45
E3	2	225	225	1350	225	9	45
E4	3	225	225	1350	225	13.5	45

将养护满7d和28d的胶砂试块，按照《水泥胶砂强度检验方法（ISO法）》（GB/T 17671—1999）进行试验，试验组A组中副产品石膏在不同掺量下的7d和28d抗折强度和抗压强度数据见表3-9；试验组B-E的胶砂试块7d、28d抗折强度和抗压强度数据见表3-10和表3-11；试验组A-E组的胶砂试块在不同掺量下7d、28d抗折和抗压强度变化如图3-2至图3-6所示。

表3-9　不同副产品石膏掺量下的7d、28d胶砂抗折、抗压强度

A组副产品石膏的掺量（%）	抗折强度（MPa）		抗压强度（MPa）	
	7d	28d	7d	28d
5	5.9	6.7	20.9	30.2
7.5	6.8	8.2	23.4	34.6
10	7.0	8.8	27.6	40.4
12.5	7.8	9.6	29.9	42.7
15	8.8	10.1	32.1	44.5

表 3-10　不同无机盐掺量下的 7d、28d 胶砂抗折强度　　　　　　　　　MPa

掺量（%）	B组碳酸盐		C组硫酸盐		D组氯盐		E组五水偏硅酸盐	
	7d	28d	7d	28d	7d	28d	7d	28d
0.5	5.5	6.1	4.0	5.9	5.1	6.7	5.3	6.2
1	6.4	7.2	5.3	6.8	5.4	7.2	4.6	5.5
2	6.5	7.9	6.5	8.0	6.0	8.1	5.6	7.2
3	7.8	8.4	6.3	7.7	5.7	7.5	7.3	7.9

表 3-11　不同无机盐掺量下的 7d 和 28d 胶砂抗压强度　　　　　　　　MPa

掺量（%）	B组碳酸盐		C组硫酸盐		D组氯盐		E组五水偏硅酸盐	
	7d	28d	7d	28d	7d	28d	7d	28d
0.5	20.5	28.7	20.3	27.2	23.9	29.1	20.6	30.4
1	19	30.1	21.6	30.5	25.5	37.2	18.1	27.6
2	22.6	34.8	23.9	33.5	29.6	39.4	20.1	30.1
3	27.5	37.7	21.7	31.1	32.2	41.3	23.8	35.3

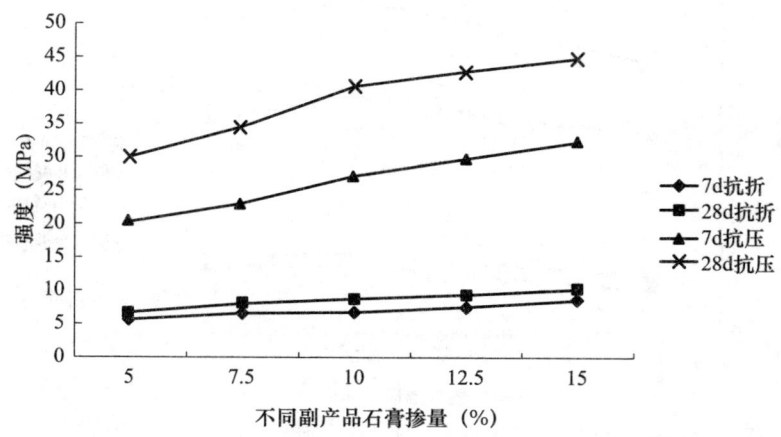

图 3-2　不同副产品石膏掺量下 7d、28d 胶砂抗折和抗压强度

由图 3-2 可知，随着副产品石膏掺量的增加，胶砂试块的 7d 和 28d 抗折强度都呈上升的趋势，当副产品石膏掺量为 15% 时为最大值，即 10.1MPa；在 P·O 52.5 水泥加无机盐体系下，随着副产品石膏掺量的增加，胶砂试块的 7d 和 28d 抗压强度呈现上升的趋势，在 5%～10% 增幅较大，在 10%～15% 时相对较缓，在副产品石膏掺量为 15% 时为最大值，最大值为 44.5MPa，强度达到 P·O 42.5 级水泥水平。

由图 3-3 知，B组试验，随着碳酸盐掺量的增加，胶砂试块 7d 和 28d 抗折强度都呈上升的趋势，当碳酸盐掺量为 3% 时，最大值为 8.4MPa；随着碳酸盐掺量的增加，胶砂试块的 7d 和 28d 抗压强度整体呈现增大趋势，在碳酸盐掺量为 3% 时最大值为 37.7MPa。

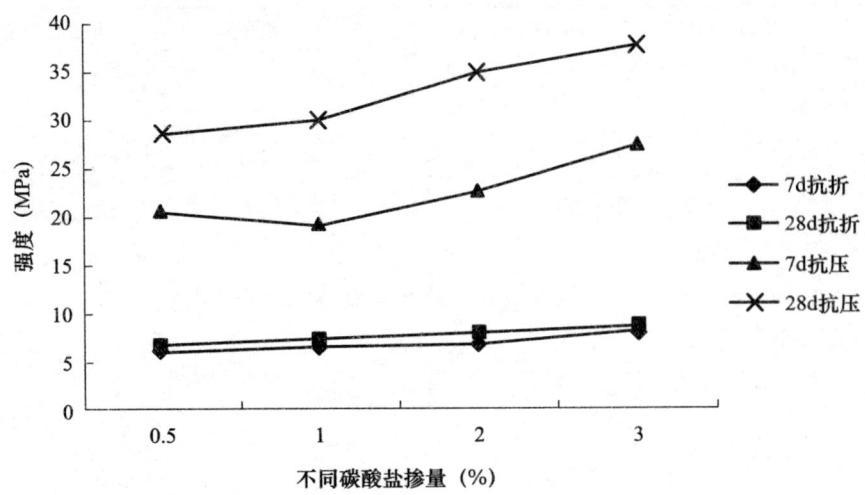

图 3-3 不同碳酸盐掺量下的 7d、28d 胶砂抗折强度和抗压强度

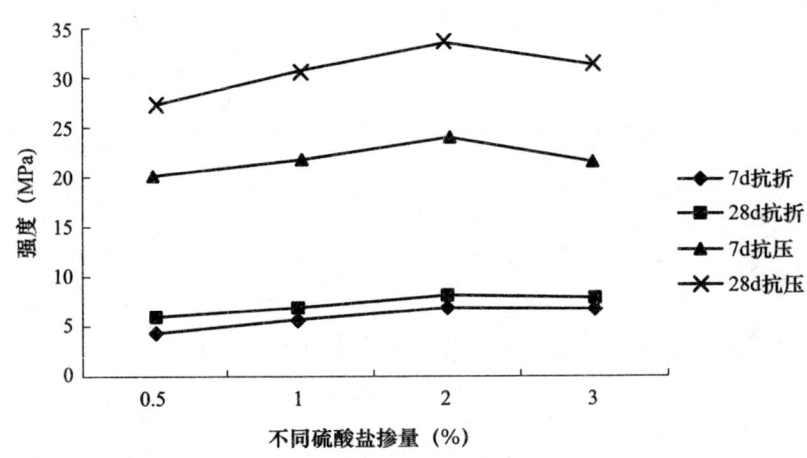

图 3-4 不同硫酸盐掺量下 7d、28d 胶砂抗折和抗压强度

由图 3-4 知，C 组试验，随着硫酸盐掺量的增加，胶砂试块的 7d 和 28d 抗折强度都呈上升的趋势，当硫酸盐掺量为 2% 时，最大值为 8.0MPa；随着硫酸盐掺量的增加，胶砂试块的 7d 和 28d 抗压强度都呈现先上升后下降的趋势，当掺量从 0.5% 增加到 2% 时，7d 和 28d 抗压强度增幅较大，当掺量从 2% 增加到 3% 时，7d 和 28d 的抗压强度降幅相当，当掺量为 1% 和 3% 时，抗压强度相近。在硫酸盐掺量为 2% 时为最大值，最大值为 33.5MPa。

由图 3-5 可知，D 组试验，随着氯盐掺量的增加，胶砂试块 7d 和 28d 抗折强度都呈上升的趋势，当氯盐掺量为 2% 时，最大值为 8.1MPa；随着氯盐掺量的增加，胶砂试块的 7d 和 28d 抗压强度呈现上升的趋势，当掺量从 0.5% 增加到 1% 时，7d 的抗压强度增幅低于 28d，在氯盐掺量为 3% 时有最大值，最大值为 41.3MPa。

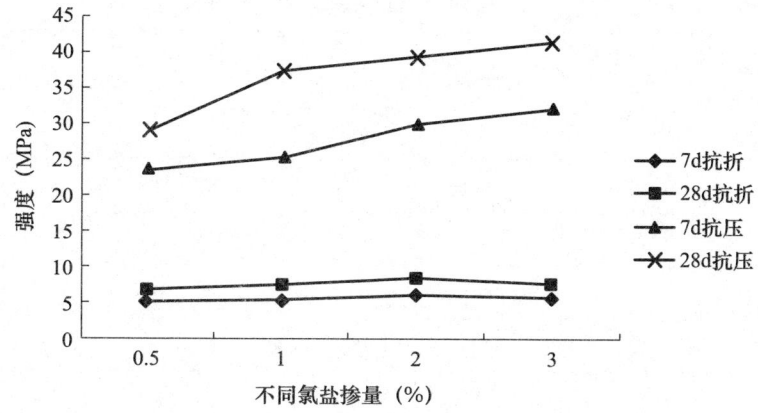

图 3-5　不同氯盐掺量下 7d、28d 胶砂抗折和抗压强度

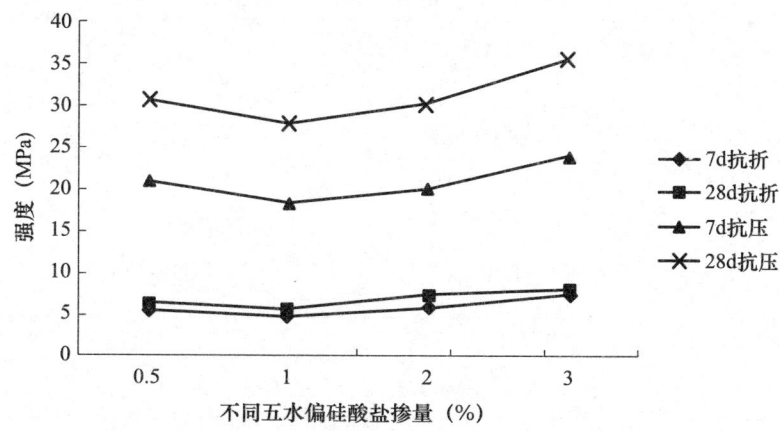

图 3-6　不同五水偏硅酸盐掺量下 7d、28d 胶砂抗折和抗压强度

由图 3-6 可知，E 组试验，随着五水偏硅酸盐掺量的增加，胶砂试块的 7d 和 28d 抗折强度都呈先下降后上升的趋势，当五水硅酸钠掺量为 3% 时，最大值为 7.9MPa；随着五水偏硅酸盐掺量的增加，胶砂试块的 7d 和 28d 抗压强度呈现先下降后上升的趋势，7d 和 28d 的强度变化趋于一致；当掺量从 0.5% 增加到 1% 时，强度下降较快，当掺量从 1% 增加到 2% 时，强度增幅较小，当掺量从 2% 增加到 3% 时，强度增幅较大，此时的 7d 和 28d 抗压强度都达到最大值，在五水偏硅酸盐掺量为 3% 时最大值为 35.3MPa。

综合以上试验数据可知，在 P·O 52.5 水泥加无机盐的碱激发剂体系下，当无机盐选用副产品石膏时的胶砂抗压强度最高，无机盐选用氯盐时次之。

（2）氢氧化物加无机盐的碱激发剂体系

将副产品石膏按照 5%～15% 的掺量，碳酸盐、硫酸盐、氯盐、五水偏硅酸盐按照 0.5%～3% 的掺量（所占胶凝材料的比例）进行胶砂试验，成型试块、拆模、标准养护，在 7d 和 28d 进胶砂试块抗折、抗压强度的试验。

试验组 F-J 组的胶砂配比见表 3-12 至表 3-16。

表 3-12　不同副产品石膏掺量下的胶砂配比

序号	副产品石膏掺量（%）	矿渣粉（g）	再生微粉（g）	标准砂（g）	水（g）	副产品石膏（g）	氢氧化物（g）
F1	5	225	225	1350	225	22.5	18
F2	7.5	225	225	1350	225	33.75	18
F3	10	225	225	1350	225	45	18
F4	12.5	225	225	1350	225	56.25	18
F5	15	225	225	1350	225	67.5	18

表 3-13　不同碳酸盐掺量下的胶砂配比

序号	碳酸盐掺量（%）	矿渣粉（g）	再生微粉（g）	标准砂（g）	水（g）	碳酸盐（g）	氢氧化物（g）
G1	0.5	225	225	1350	225	2.25	18
G2	1	225	225	1350	225	4.5	18
G3	2	225	225	1350	225	9	18
G4	3	225	225	1350	225	13.5	18

表 3-14　不同硫酸盐掺量下的胶砂配比

序号	硫酸盐掺量（%）	矿渣粉（g）	再生微粉（g）	标准砂（g）	水（g）	硫酸盐（g）	氢氧化物（g）
H1	0.5	225	225	1350	225	2.25	18
H2	1	225	225	1350	225	4.5	18
H3	2	225	225	1350	225	9	18
H4	3	225	225	1350	225	13.5	18

表 3-15　不同氯盐掺量下的胶砂配比

序号	氯盐掺量（%）	矿渣粉（g）	再生微粉（g）	标准砂（g）	水（g）	氯盐（g）	氢氧化物（g）
I1	0.5	225	225	1350	225	2.25	18
I2	1	225	225	1350	225	4.5	18
I3	2	225	225	1350	225	9	18
I4	3	225	225	1350	225	13.5	18

表 3-16　不同五水偏硅酸盐掺量下的胶砂配比

序号	五水偏硅酸盐掺量（%）	矿渣粉（g）	再生微粉（g）	标准砂（g）	水（g）	五水偏硅酸盐（g）	氢氧化物（g）
J1	0.5	225	225	1350	225	2.25	18
J2	1	225	225	1350	225	4.5	18
J3	2	225	225	1350	225	9	18
J4	3	225	225	1350	225	13.5	18

试验组 F 组中副产品石膏在不同掺量下的 7d 和 28d 抗折强度和抗压强度数据见表 3-17；试验组 G-J 的胶砂试块 7d、28d 抗折强度和抗压强度数据见表 3-18 和表 3-19；试验组 F-J 组的胶砂试块在不同掺量下 7d、28d 抗折和抗压强度变化见图 3-7 至图 3-11。

表 3-17　不同副产品石膏掺量下的 7d、28d 胶砂抗折、抗压强度

F 组副产品石膏的掺量（%）	抗折强度（MPa）		抗压强度（MPa）	
	7d	28d	7d	28d
5	5.6	7.3	20.4	26.2
7.5	5.3	6.9	18.5	23.5
10	6.9	8.1	20.7	27.4
12.5	7.1	9.3	22.5	29.3
15	6.5	7.7	23.8	30.7

表 3-18　G-J 组不同无机盐掺量下的 7d、28d 胶砂抗折强度

盐的掺量（%）	G 组碳酸盐（MPa）		H 组硫酸盐（MPa）		I 组氯盐（MPa）		J 组五水偏硅酸盐（MPa）	
	7d	28d	7d	28d	7d	28d	7d	28d
0.5	7.5	9.7	8.2	10.3	7.8	9.6	7.6	8.5
1	8.7	10.2	7.1	9.5	7.0	9.5	8.1	9.3
2	7.6	9.5	7.2	9.4	7.4	8.8	7.2	8.5
3	7.6	9.1	7.4	9.7	6.3	7.6	8.2	9.1

表 3-19　G-J 组不同无机盐掺量下的 7d、28d 胶砂抗压强度

掺量（%）	G 组碳酸盐（MPa）		H 组硫酸盐（MPa）		I 组氯盐（MPa）		J 组五水偏硅酸盐（MPa）	
	7d	28d	7d	28d	7d	28d	7d	28d
0.5	24.0	32.5	26.5	34.0	26.9	32.4	23.6	32.0
1	30.7	38.1	29.5	35.2	23.6	30.8	25.4	33.1
2	33.3	40.3	26.4	33.5	21.7	28.6	28.7	36.3
3	35.1	43.8	26.1	33.2	17.2	23.8	27.6	35.2

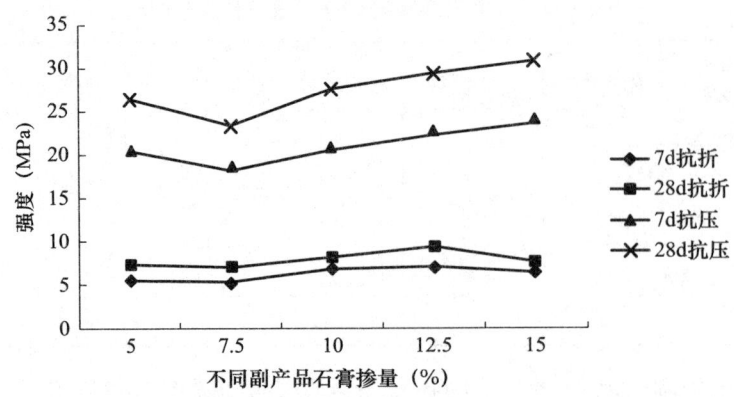

图 3-7 不同副产品石膏掺量下 7d、28d 胶砂抗折和抗压强度

由图 3-7 可知，随着副产品石膏掺量的增加，胶砂试块的 7d 和 28d 抗折强度呈现先下降后上升再下降的趋势，当副产品石膏掺量从 5% 增加到 7.5% 时的降幅要小于当掺量从 12% 增加到 15% 的降幅；当副产品石膏掺量从 10% 增加到 12.5% 时抗折强度增幅较大，此时抗折强度达到最大值，最大值为 8.3MPa。随着副产品石膏掺量的增加，胶砂试块的 7d 和 28d 抗压强度呈现先下降后上升的趋势，当掺量从 5% 增加到 7.5% 时，抗压强度呈现下降的趋势，降幅较大；当掺量从 7.5% 增加到 10% 时，增幅较大，从 10% 增加到 15% 时，增幅较小，7d 和 28d 的增幅大致一样，在副产品石膏掺量为 15% 时最大值为 30.7MPa。

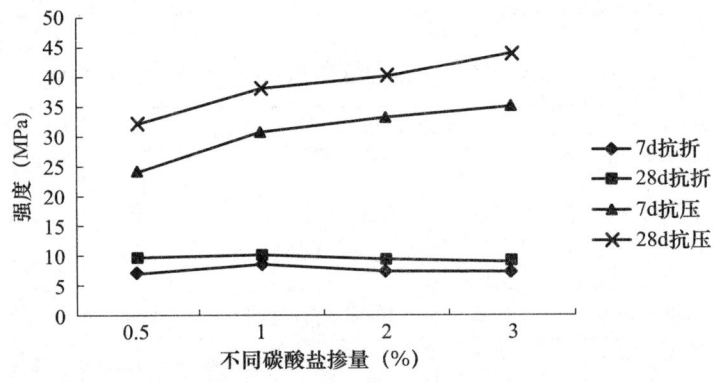

图 3-8 不同碳酸盐掺量下的 7d、28d 胶砂抗折强度和抗压强度

由图 3-8 可知，G 组试验中，随着碳酸盐掺量的增加，胶砂试块的 7d 和 28d 抗折强度呈先上升后下降的趋势，在碳酸盐掺量为 1% 时有最大值，最大值为 10.2MPa；随着碳酸盐掺量的增加，胶砂试块的 7d 和 28d 抗压强度呈现上升的趋势，当掺量从 0.5% 增加到 1% 时，抗压强度增幅较大，当掺量从 1% 增加到 3% 时，抗压强度增幅较小；在碳酸盐掺量为 3% 时有最大值，最大值为 43.8MPa，强度达到 P·O 42.5 级水泥水平。

由图 3-9 可知，H 组试验中，随着硫酸盐掺量的增加，胶砂试块的 7d 和 28d 抗折

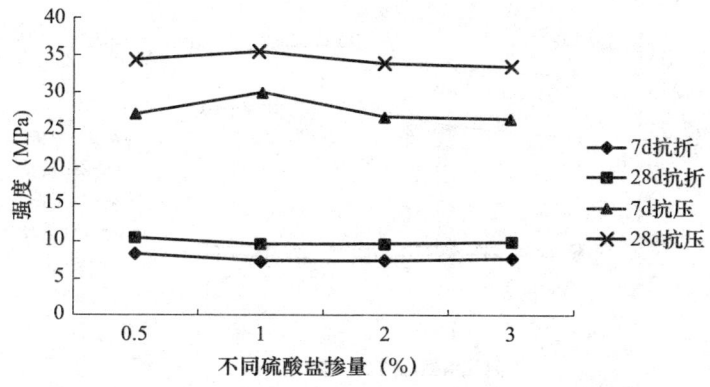

图 3-9 不同硫酸盐掺量下 7d、28d 胶砂抗折和抗压强度

强度呈下降的趋势，降幅较缓，在硫酸盐掺量为 0.5% 时有最大值，最大值为 10.3MPa。由图 3-9 可知随着硫酸盐掺量的增加，胶砂试块的 7d 和 28d 抗压强度呈现先上升后下降的趋势，当掺量从 0.5% 增加到 1%，抗压强度增幅较大，当掺量从 1% 增加到 3% 时，7d 的抗压强度先大幅下降，后趋于稳定，28d 抗压强度逐渐下降，在硫酸盐掺量为 1% 时有最大值，最大值为 35.2MPa。

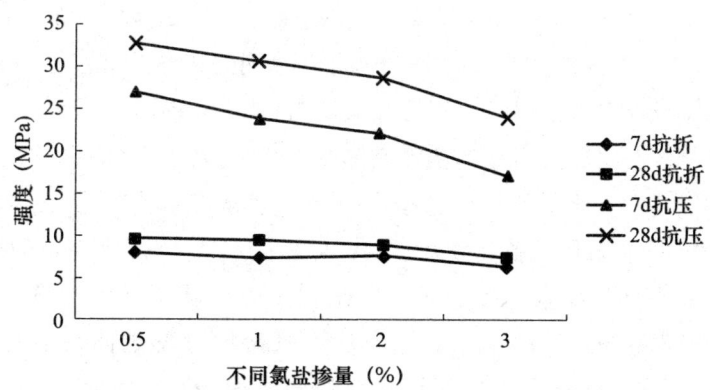

图 3-10 不同氯盐掺量下 7d、28d 胶砂抗折和抗压强度

由图 3-10 可知，I 组试验中，随着氯盐掺量的增加，胶砂试块的 7d 和 28d 抗折强度呈现下降的趋势，降幅较缓，在氯盐掺量为 0.5% 时有最大值，即 9.6MPa。随着氯盐掺量的增加，胶砂试块的 7d 和 28d 抗压强度呈现下降的趋势，当掺量从 0.5% 增加到 1% 时，强度下降较快，当掺量从 1% 增加到 2% 时，降幅较缓，当掺量从 2% 增加到 3% 时，降幅较大；在氯盐掺量为 0.5% 时有最大值，即 32.4MPa。

由图 3-11 可知，J 组试验中，随着五水偏硅酸盐掺量的增加，胶砂试块的 7d 和 28d 抗折强度呈现先上升后下降再上升的趋势，变化幅度相对较缓，在五水偏硅酸盐掺量为 1% 时有最大值，即 9.3MPa；随着五水偏硅酸盐掺量的增加，抗压强度呈现先上升后下降的趋势，当掺量从 0.5% 增加到 1%，抗压强度增幅较小，当掺量从 1% 增加到 2% 时，抗压强度增幅较大，当五水偏硅酸盐掺量为 2% 时有最大值，即 36.3MPa。

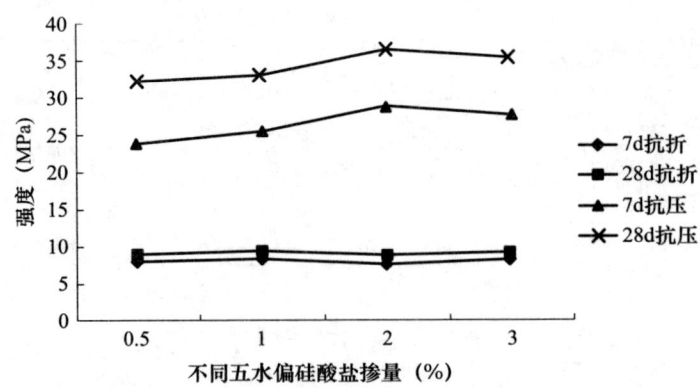

图 3-11 不同五水偏硅酸盐掺量下 7d、28d 胶砂抗折和抗压强度

综合以上试验数据可知，在氢氧化物加无机盐碱激发剂体系下，当无机盐选用碳酸盐时的胶砂抗压强度最高，无机盐为五水偏硅酸盐时次之。

3.2.2 减水剂优选

减水剂与矿渣-再生微粉基再生水泥相容性试验参照《水泥与减水剂相容性试验方法》（JC/T 1083—2008）。矿渣粉和再生微粉的总量为 300g，矿渣与再生微粉的比例为 5∶5，用水量 105g。激发剂方案 1 为 P·O 52.5 水泥的掺量为 10%，氯盐掺量为 3%；激发剂方案 2 氢氧化物掺量为 4%，碳酸盐掺量为 3%。

(1) P·O 52.5 水泥加无机盐的激发剂体系

激发剂方案：P·O 52.5 水泥的掺量为 10%，氯盐掺量为 3%。试验选用工程常用的聚羧酸系高性能减水剂和萘系高效减水剂，分别按照 0.1% 和 0.2% 的掺量增加。

不同聚羧酸系高性能减水剂掺量下，矿渣-再生微粉基再生水泥净浆流动度变化见图 3-12。由图 3-12 可知，P·O 52.5 水泥加无机盐的激发剂体系下的流动度，在加入聚羧酸系高性能减水剂后有明显的提高，随着聚羧酸系高性能减水剂掺量的增加，净浆流动度呈现上升的趋势，当掺量达到 0.5% 时，流动度稳定在 315mm 附近。聚羧酸系减水剂总体对激发剂为 P·O 52.5 水泥加氯盐体系的再生水泥有比较好的减水效果[5]。

不同萘系高性能减水剂掺量下，矿渣-再生微粉基再生水泥净浆流动度变化见图 3-13。由图 3-13 可知，P·O 52.5 水泥加无机盐的碱激发剂体系下，随着萘系高效减水剂的掺量从 0 增加到 0.6% 时，净浆流动度并没有改善；当萘系高效减水剂掺量从 0.6% 增加到 0.8% 时，净浆流动度有了明显的提高；当萘系高效减水剂掺量从 0.8% 增加到 1% 时，净浆流动度呈现升高的趋势，增幅较小；当萘系高效减水剂掺量从 1% 增加到 1.2% 时，净浆流动度开始小幅度下降；当萘系高效减水剂掺量在 1% 时，净浆流动度达到最大值。萘系高效减水剂总体对激发剂为 P·O 52.5 水泥加氯盐体系的再生水泥没有较好的减水效果。

3 建筑垃圾及工业固废制备再生水泥

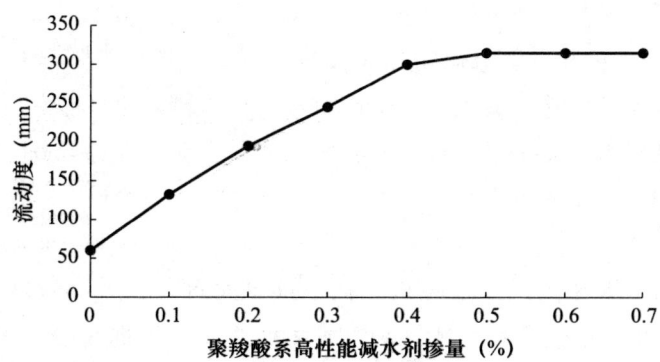

图 3-12 聚羧酸系高性能减水剂不同掺量下的净浆流动度

由以上试验数据可知，在 P·O 52.5 水泥加无机盐的激发剂体系下，聚羧酸系高性能减水剂对净浆流动度改善效果要优于萘系高效减水剂；聚羧酸系高性能减水剂（当掺量为 0.5% 时）对净浆流动度的改善效果最好，萘系高效减水剂（当掺量为 1% 时）效果对净浆流动度的改善效果最好；在 P·O 52.5 水泥加无机盐的碱激发剂体系下，优选聚羧酸系高性能减水剂作为混凝土试验中的减水剂使用。

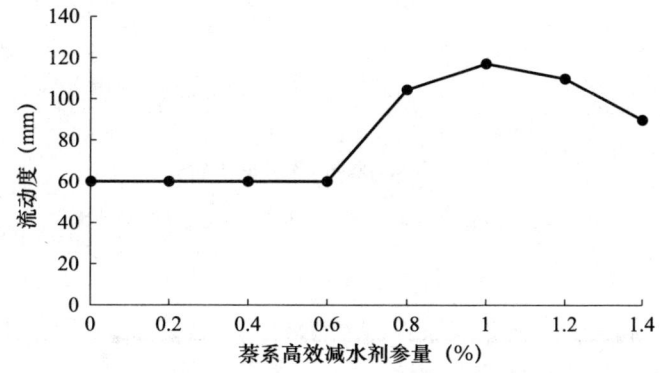

图 3-13 萘系高效减水剂不同掺量下的净浆流动度

（2）氢氧化物加无机盐的碱激发剂体系

矿渣与再生微粉比例为 5:5，氢氧化物掺量为 4%，碳酸盐掺量为 3% 作为激发剂，试验选用工程常用的聚羧酸系高性能减水剂和萘系高效减水剂，试验中将聚羧酸系高性能减水剂的掺量按照 0.1% 比例的掺量逐渐增加；萘系高效减水剂的掺量按照 0.2% 比例的掺量逐渐增加。

在萘系高效减水剂不同掺量下，矿渣-再生微粉基再生水泥材料净浆流动度变化见图 3-14。由图 3-14 可知，氢氧化物加无机盐的激发剂体系随着萘系高效减水剂的加入，当减水剂掺量增加到 0.2% 时，净浆流动度有明显的提高，增幅较大；当减水剂掺量从 0.2% 增加到 1% 时，净浆流动度呈现上升的趋势，增幅相对较缓；当减水剂掺量从 1% 增加到 1.4% 时，净浆流动度呈现下降的趋势，但降幅非常小；当减水剂掺量为 1% 时，净浆流动度达到最大。

在聚羧酸系高性能减水剂不同掺量下，矿渣-再生微粉基再生水泥净浆流动度变化见图 3-15。由图 3-15 可知，氢氧化物加无机盐的激发剂体系，随着聚羧酸系高性能减水剂的加入，净浆流动度并无变化；当聚羧酸系高性能减水剂的掺量达到 1‰时，聚羧酸系高性能减水剂对氢氧化物加无机盐的激发剂体系流动度没有提高[6]。因此，对于激发剂为氢氧化物加无机盐的再生水泥，聚羧酸系高性能减水剂没有减水效果。

由以上试验数据可知，在氢氧化物加无机盐的碱激发剂体系下，萘系高效减水剂对净浆流动度的改善效果要远高于聚羧酸系高性能减水剂；萘系高效减水剂（当掺量为 1‰时）对净浆流动的改善效果最好，聚羧酸系高性能减水剂对净浆流动度没有效果；在氢氧化物加无机盐的碱激发剂体系下，优选萘系高效减水剂作为混凝土试验中的减水剂使用。

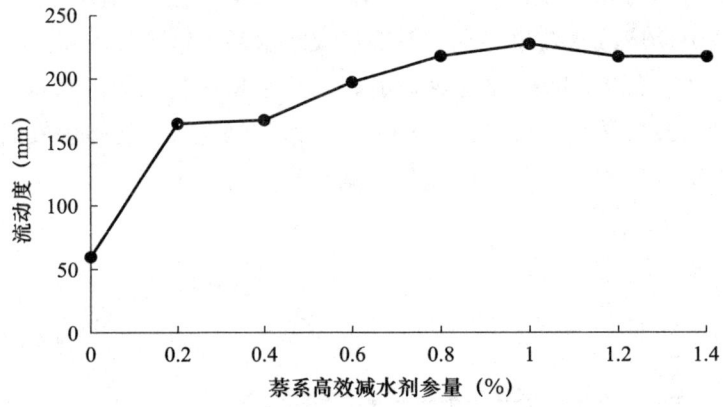

图 3-14　萘系高效减水剂不同掺量下的净浆流动度

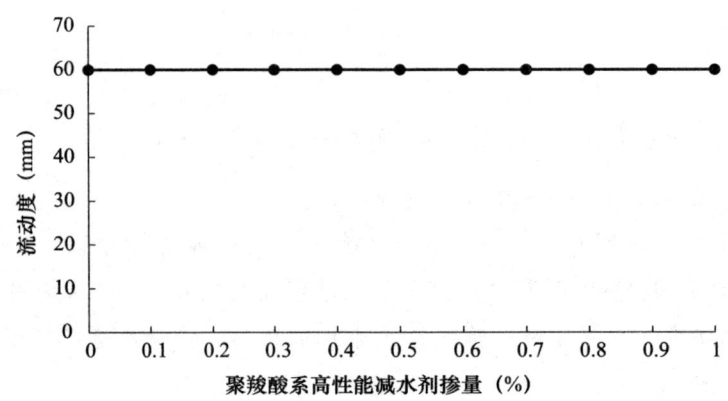

图 3-15　聚羧酸系高性能减水剂不同掺量下的净浆流动度

3.2.3　再生水泥配比优化

（1）激发剂再优化

通过胶砂试验发现矿渣-再生微粉基再生水泥的 28d 抗压强度能够达到 30～45MPa，

说明其具有较好的胶凝性，从胶砂强度可以看出其在混凝土中也会有良好的强度。因此，根据前几节胶砂试验中的两个不同体系：P·O 52.5 水泥加无机盐的激发剂体系（TS1）和氢氧化物加无机盐的激发剂体系（TS2），从中优选出较好的碱激发剂方案进行混凝土试验。混凝土试验中，控制水胶比为 0.5，砂率为 32%，矿渣粉与再生微粉比例为 5∶5，混凝土配方见表 3-20。

表 3-20 混凝土配方

序号	激发剂配方	每 1m³ 混凝土中原材料用量（kg·m⁻³）				
		矿渣粉	再生微粉	砂	石	水
1	P·O 52.5 水泥 10%加硫酸盐 2%	240	240	519	1103	240
2	P·O 52.5 水泥 10%加副产品石膏 10%	240	240	507	1077	240
3	P·O 52.5 水泥 10%加副产品石膏 15%	240	240	499	1061	240
4	P·O 52.5 水泥 10%加碳酸盐 3%	240	240	561	1089	240
5	P·O 52.5 水泥 10%加氯盐 3%	240	240	561	1089	240
6	氢氧化物 4%加碳酸盐 3%	240	240	572	1110	240
7	氢氧化物 4%加硫酸盐 0.5%	240	240	531	1128	240
8	氢氧化物 4%加碳酸盐 1%	240	240	530	1126	240
9	氢氧化物 4%加硫酸盐 1%	240	240	528	1123	240
10	氢氧化物 4%加氯盐 0.5%	240	240	530	1126	240

按照《混凝土物理力学性能试验方法标准》（GB/T 50081—2019）搅拌混凝土，将拌制均匀的混凝土装入涂刷过脱模剂的 100mm×100mm×100mm 三联钢模中，放置到振动台上振捣，将混凝土中的气体排出，将振实好的试模外面覆盖保鲜膜，放置 24h 后拆模，对试块进行编号并送至养护室进行标准养护，当混凝土试块养护时间达到 7d、28d 和 56d 时将混凝土试块取出，按照编号进行强度试验。混凝土试块 7d、28d 和 56d 抗压强度数据见表 3-21；P·O 52.5 水泥加无机盐的碱激发剂体系下不同方案的混凝土试块 7d、28d 和 56d 抗压强度变化如图 3-16 所示，氢氧化物加无机盐的碱激发剂体系下不同方案的混凝土试块 7d、28d 和 56d 抗压强度变化如图 3-17 所示。

由图 3-16 和图 3-17 混凝土强度可知，在 P·O 52.5 水泥加无机盐的碱激发剂体系下，当 P·O 52.5 水泥掺量为 10%和副产品石膏掺量为 15%时，7d、28d 以及 56d 抗压强度都是体系中最高的；在氢氧化物体系下，当氢氧化物掺量为 4%和碳酸盐掺量为 3%时，7d、28d 以及 56d 抗压强度都是体系中最高的。因此，优选 10%P·O 52.5 水泥加 15%副产品石膏和 4%氢氧化物加 3%碳酸盐这两个激发剂方案进行下一步研究。

表 3-21　混凝土抗压强度

序号	碱激发剂组合	黏聚性	坍落度 mm	7d MPa	28d MPa	56d MPa
1	P·O 52.5 水泥 10%加副产品石膏 10%	较好	53	17.3	25.7	27.2
2	P·O 52.5 水泥 10%加副产品石膏 15%	较好	54	20.6	29.0	32.2
3	P·O 52.5 水泥 10%加碳酸盐 3%	较好	57	15.9	28.2	30.3
4	P·O 52.5 水泥 10%加氯盐 3%	较好	55	16.2	21.6	25.7
5	P·O 52.5 水泥 10%加硫酸盐 2%	较好	55	20.4	27.0	30.4
6	氢氧化物 4%加硫酸盐 0.5%	较好	54	17.6	25.3	27.5
7	氢氧化物 4%加碳酸盐 1%	较好	56	19.9	27.0	29.1
8	氢氧化物 4%加硫酸盐 1%	较好	55	20.2	29.4	30.1
9	氢氧化物 4%加氯盐 0.5%	较好	53	18.1	25.8	28.9
10	氢氧化物 4%加碳酸盐 3%	较好	58	24	29.8	33.3

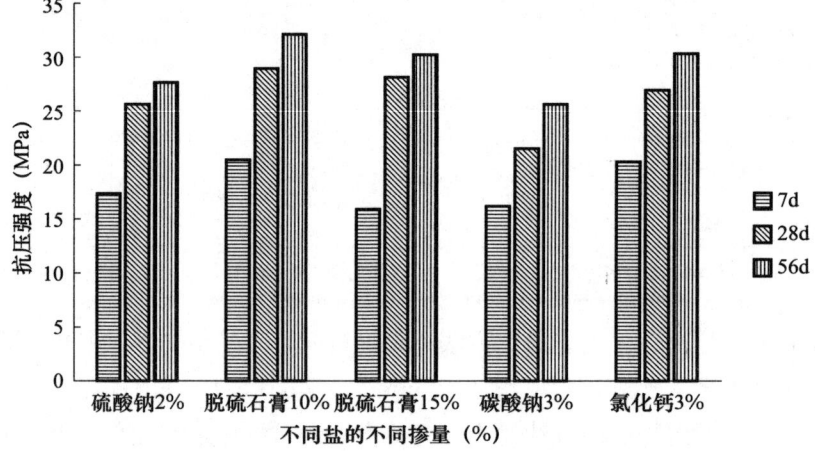

图 3-16　P·O 52.5 水泥加无机盐的碱激发剂体系下，不同盐掺量下 7d、28d、56d 抗压强度

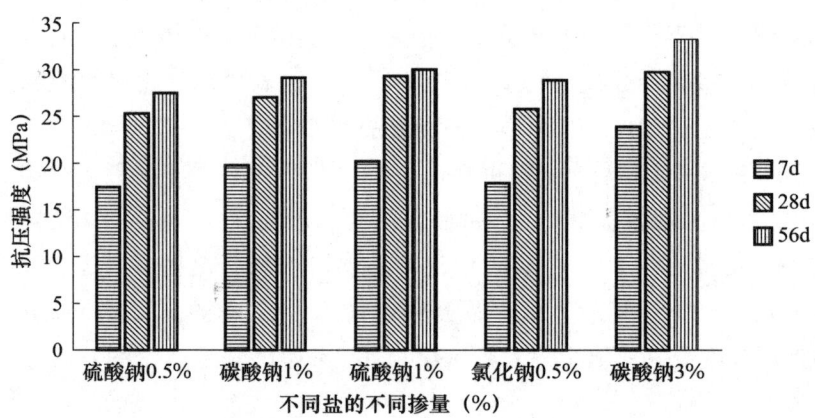

图 3-17　氢氧化物加无机盐的碱激发剂体系下，不同盐掺量下 7d、28d、56d 抗压强度

(2) 不同矿渣粉与再生微粉的比例

为了研究当碱激发剂方案不变,矿渣粉与再生微粉在不同比例下混凝土的强度变化,优选出较好的再生水泥配方。试验中控制水胶比为0.5,砂率为32%,将矿渣-再生微粉基再生水泥配比进一步优化,矿渣粉/再生微粉比例取3:7、4:6、5:5、6:4、7:3、8:2、9:1进行混凝土试验。

① P·O 52.5水泥加无机盐的碱激发剂体系。

该体系下P·O 52.5水泥掺量为10%,副产品石膏掺量为15%时,在矿渣粉与再生微粉不同比例的条件下,混凝土配方见表3-22,混凝土3d、7d、28d抗压强度数据见表3-23、图3-17。

由图3-18可知,随着矿渣粉与再生微粉比例的增加,3d、7d、28d抗压强度呈现先上升后下降,再上升最后下降的趋势,3d和7d的强度差别不大,混凝土早期强度较高,当矿渣粉与再生微粉比例为8:2时,混凝土抗压强度达到最大值,为36.5MPa。

表3-22 矿渣与再生微粉不同比例下的配方　　　　　　　　　　　kg·m^{-3}

矿渣粉:再生微粉	水	矿渣粉	再生微粉	P·O 52.5水泥	副产品石膏	砂	石
3:7	240	144	336	48	72	499	1061
4:6	240	192	288	48	72	499	1061
5:5	240	240	240	48	72	499	1061
6:4	240	288	192	48	72	499	1061
7:3	240	336	144	48	72	499	1061
8:2	240	384	96	48	72	499	1061
9:1	240	432	48	48	72	499	1061

表3-23 混凝土3d、7d、28d抗压强度　　　　　　　　　　　MPa

序号	矿渣粉:再生微粉	3d抗压强度	7d抗压强度	28d抗压强度
1	3:7	13.3	16.0	25.3
2	4:6	14.4	15.6	26.1
3	5:5	16.8	19.8	28.6
4	6:4	18.0	19.7	29.4
5	7:3	18.6	17.8	32.1
6	8:2	19.0	20.0	36.5
7	9:1	18.7	19.4	34.7

② 氢氧化物加无机盐的碱激发剂体系。

在氢氧化物体系下,碳酸盐掺量为3%时,在矿渣粉与再生微粉按照不同比例的条件下,混凝土配合比见表3-24,不同比例条件下混凝土的3d、7d和28d抗压强度数据见表3-25,抗压强度变化见图3-19。

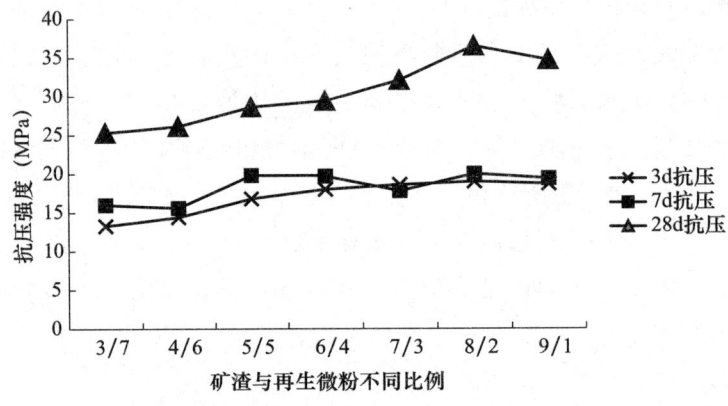

图 3-18 矿渣粉与再生微粉在不同比例下混凝土抗压强度

由图 3-19 可知,胶凝材料中随着矿渣粉与再生微粉比例的增加,混凝土的 3d、7d、28d 抗压强度整体呈现逐渐上升的趋势,当矿渣粉与再生微粉的比例从 3∶7 到 7∶3 这一变化过程中,强度增长相对较快;当矿渣粉与再生微粉的比例从 7∶3 到 9∶1 这一变化过程中,强度增长相对较缓;当矿渣粉与再生微粉比例为 9∶1 时,混凝土抗压强度达到最大值,为 36.8MPa。

表 3-24 混凝土配合比

矿渣粉∶再生微粉	水 (kg/m³)	矿渣粉 (kg/m³)	再生微粉 (kg/m³)	氢氧化物 (kg/m³)	碳酸盐 (kg/m³)	砂 (kg/m³)	石 (kg/m³)
3∶7	240	144	336	19	14	527	1120
4∶6	240	192	288	19	14	527	1120
5∶5	240	240	240	19	14	527	1120
6∶4	240	288	192	19	14	527	1120
7∶3	240	336	144	19	14	527	1120
8∶2	240	384	96	19	14	527	1120
9∶1	240	432	48	19	14	527	1120

表 3-25 混凝土抗压强度

序号	矿渣粉∶再生微粉	3d 抗压强度(MPa)	7d 抗压强度(MPa)	28d 抗压强度(MPa)
1	3∶7	11.2	15.6	23.4
2	4∶6	13.3	17.4	25.1
3	5∶5	14.2	19.9	28.7
4	6∶4	16.8	21.5	29.8
5	7∶3	18.1	22.3	30.7
6	8∶2	21.6	25.2	34.9
7	9∶1	23.0	27.0	36.8

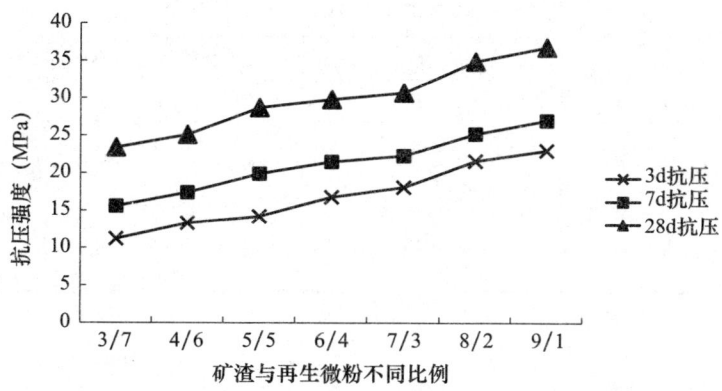

图 3-19 矿渣与再生微粉在不同比例下混凝土抗压强度

(3) 不同水胶比

通过以上试验，优选出不同系列下的矿粉与再生微粉的比例，在 P·O 52.5 水泥加无机盐的碱激发剂体系下，当 P·O 52.5 水泥掺量为 10%，副产品石膏掺量为 15% 时，取矿渣粉与再生微粉的比例为 8:2；在氢氧化物加无机盐的碱激发剂体系下，选用氢氧化物掺量为 4%，碳酸盐掺量为 3%，取矿渣粉与再生微粉的比例为 9:1。在此方案下，通过改变配方中的水胶比，研究不同水胶比下，该方案的混凝土强度的变化情况。

① P·O 52.5 水泥加无机盐的碱激发剂体系。

通过改变配比中的水胶比分别为 0.3、0.35、0.4、0.45、0.5，研究不同水胶比下该方案的混凝土强度。不同水胶比下的混凝土配方见表 3-26，不同水胶比下的混凝土 3d、7d 和 28d 抗压强度数据见表 3-27，不同水胶比下的混凝土 3d、7d 和 28d 抗压强度变化见图 3-20。

试验发现，随着水胶比的增大，试验用水量的增多，混凝土的坍落度越来越大，由于再生微粉的结构多为不规则、多棱角颗粒，需水量大，导致试验中当水胶比低于 0.45 时难以成型。在前几节的研究中发现，在 P·O 52.5 水泥加无机盐的碱激发剂体系下，聚羧酸系高性能减水剂具有较好的减水效果，因此，在不同水胶比的试验中，加入聚羧酸系高性能减水剂来改善混凝土的工作性能。

表 3-26 不同水胶比下混凝土配方

水胶比	水 (kg/m³)	矿渣粉 (kg/m³)	再生微粉 (kg/m³)	P·O 52.5 水泥 (kg/m³)	副产品石膏 (kg/m³)	砂 (kg/m³)	石 (kg/m³)	聚羧酸减水剂 (kg/m³)
0.3	133	384	96	48	72	499	1061	14.9
0.35	159	384	96	48	72	499	1061	10.6
0.4	184	384	96	48	72	499	1061	8.6
0.45	213	384	96	48	72	499	1061	3.4
0.5	240	384	96	48	72	499	1061	0

表 3-27 混凝土 3d、7d、28d 抗压强度

序号	水胶比（MPa）	3d 抗压强度（MPa）	7d 抗压强度（MPa）	28d 抗压强度（MPa）
1	0.3	31.6	35.5	49.6
2	0.35	25.9	29.6	40.2
3	0.4	21.9	25.1	35.6
4	0.45	17.5	21.1	31.0
5	0.5	16.8	20.8	28.6

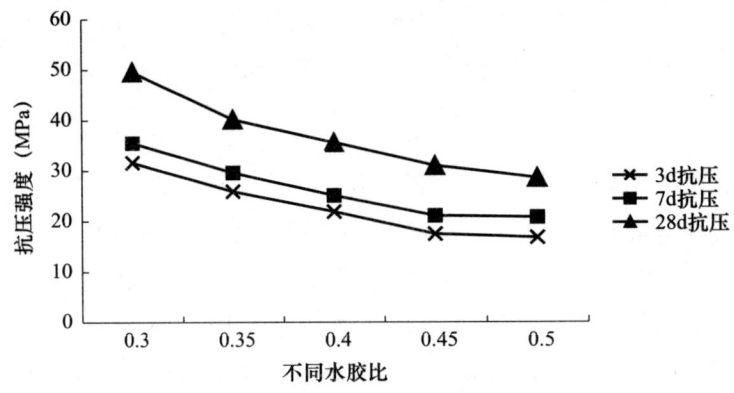

图 3-20 不同水胶比下混凝土抗压强度

由图 3-20 可知，随着水胶比的增大，混凝土的 3d、7d、28d 抗压强度呈现逐渐增长的趋势，当水胶比从 0.45 增大到 0.5 时，混凝土的抗压强度降幅较小，当水胶比从 0.3 增大到 0.35 时，混凝土抗压强度降幅较大；当水胶比为 0.5 时，混凝土 3d 和 7d 抗压强度相近，当水胶比为 0.35~0.45 的过程中，混凝土的 7d 和 28d 抗压强度相近；当水胶比为 0.3 时，混凝土抗压强度有最大值，为 49.6MPa。综上所述，在 P·O 52.5 水泥加无机盐的碱激发剂体系下，当 P·O 52.5 水泥掺量为 10%，副产品石膏掺量为 15%，矿渣粉与再生微粉比例为 8∶2，水胶比为 0.3，聚羧酸系高性能减水剂掺量为 2.6%时，混凝土抗压强度最高，为 49.6MPa。

② 氢氧化物加无机盐的碱激发剂体系。

通过改变配比中的水胶比分别为 0.34、0.37、0.4、0.43、0.46，研究不同水胶比下该方案的混凝土强度。试验中不同水胶比下的混凝土配合比见表 3-28，不同水胶比下的 3d、7d 和 28d 混凝土抗压强度数据见表 3-29，不同水胶比下的 3d、7d 和 28d 混凝土抗压强度变化见图 3-21。

当水胶比增大时，导致混凝土坍落度越来越小，坍落度过小时混凝土无法成型。由前几节的研究发现，在氢氧化物体系下，萘系高效减水剂对矿渣-再生微粉基再生水泥有较好的减水效果，因此，在改变水胶比的混凝土试验中加入一定比例的萘系高效减水剂，改善混凝土的工作性能。

表 3-28 不同水胶比下混凝土配合比

水胶比	水 (kg/m³)	矿渣粉 (kg/m³)	再生微粉 (kg/m³)	氢氧化物 (kg/m³)	碳酸盐 (kg/m³)	砂 (kg/m³)	石 (kg/m³)	萘系高效减水剂 (kg/m³)
0.34	163	432	48	19	14	527	1120	5.7
0.37	178	432	48	19	14	527	1120	4.8
0.4	192	432	48	19	14	527	1120	3.8
0.43	206	432	48	19	14	527	1120	2.9
0.46	221	432	48	19	14	527	1120	1.4

表 3-29 混凝土 3d、7d 和 28d 抗压强度

序号	水胶比	3d 抗压强度（MPa）	7d 抗压强度（MPa）	28d 抗压强度（MPa）
1	0.34	34.7	39.1	48.6
2	0.37	32.0	37.0	45.2
3	0.4	29.3	33.4	44.1
4	0.43	28	32.3	42.9
5	0.46	26.6	30.9	38.5

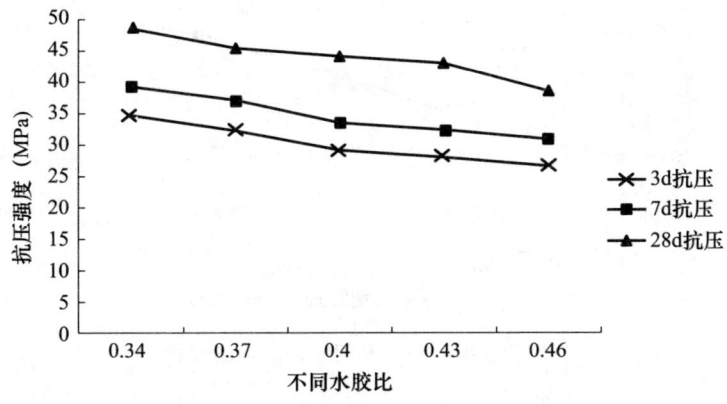

图 3-21 不同水胶比下混凝土抗压强度

由图 3-21 可知，随着水胶比的增大，混凝土的 3d、7d、28d 抗压强度整体呈现逐渐减小的趋势，水胶比从 0.4～0.46 的变化过程中，混凝土的强度减小幅度相对较缓，7d 和 28d 的混凝土抗压强度相近，当水胶比为 0.34 时，混凝土抗压强度有最大值，为 48.64MPa；28d 混凝土抗压强度随着水胶比的减小而增大。

综上所述，在氢氧化物加无机盐的碱激发剂体系下，当氢氧化物掺量为 4%、碳酸盐掺量为 3%、矿渣粉与再生微粉比例为 9：1、水胶比为 0.34、萘系高效减水剂掺量为 1.2%时，混凝土抗压强度最高，为 48.6MPa。

由以上试验数据可知，在 P·O 52.5 水泥加副产品石膏的激发剂组合下的混凝土抗压强度要优于氢氧化物加碳酸盐的激发剂组合，因为 pH 值对碱激发的效率有所区别，在较高的 pH 值下，钙的溶解度会降低，而二氧化硅和氧化铝的溶解度会增加。虽然氢

氧化物的激发剂溶液有着比P·O 52.5水泥溶液更高的pH值，但是P·O 52.5水泥激发的胶凝材料通常比氢氧化物激发的表现出更好的力学强度，因为在P·O 52.5水泥体系中提供了额外的硅酸盐物质与钙离子反应，形成致密的C-A-S-H反应产物。

3.2.4 超细粉磨制备再生水泥

本节在前期试验的基础上分别对矿粉、再生微粉、P·O 52.5水泥、副产品石膏进行超细研磨，探讨原材料细度改变对再生水泥性能的影响。

1. 矿粉细度对再生水泥性能的影响试验研究

（1）试验原材料

激发剂采用水泥熟料和副产品石膏；由废砖破碎后磨制成比表面积为400m^2/kg的建筑垃圾再生砖粉；采用S95级矿渣粉。

（2）试验方法

对S95级矿渣粉进行粉磨，分别粉磨0min、30min、60min、90min、120min，并测定不同粉磨时间的比表面积，如图3-22所示。

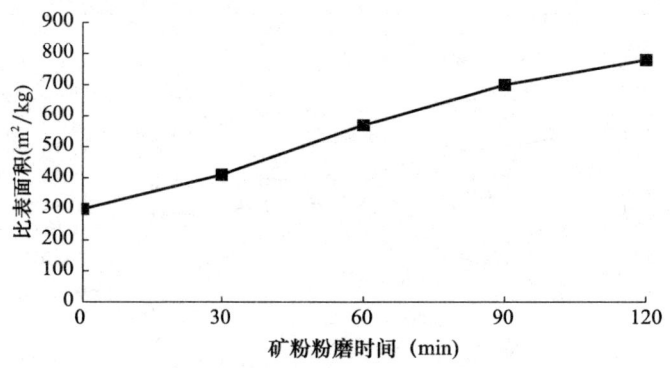

图 3-22　不同粉磨时间矿粉的比表面积

将不同粉磨时间的矿渣粉分别与红砖粉按5∶5等量混合，以水泥熟料和副产品石膏作为激发剂，制备再生水泥胶砂试件。通过测试水泥胶砂3d、7d、28d抗压强度来分析矿粉细度对再生水泥性能的影响，试验配合比及结果见表3-30。

表3-30　不同粉磨时间矿粉制备再生水泥强度

序号	红砖粉比表面积 (m^2/kg)	矿粉粉磨时间 (min)	矿粉比表面积 (m^2/kg)	3d抗压强度 (MPa)	7d抗压强度 (MPa)	28d抗压强度 (MPa)
A1	400	0	310	20.05	26.89	37.78
A2	400	30	420	24.76	32.92	39.43
A3	400	60	560	26.54	33.48	41.12
A4	400	90	670	27.19	34.55	42.86
A5	400	120	750	28.68	37.49	42.98

由表 3-30 可知，在红砖粉细度不变的情况下，随着矿渣粉磨时间的延长，试件 28d 抗压强度逐渐提高，说明矿粉比表面积越大，试件强度越高。因为矿粉经过粉磨颗粒更均匀地分散于体系之中，与石膏（硫酸根离子）、熟料（氢氧化钙）反应速度更快。但当细度达到 600～700m^2/kg 时，体系强度增长趋势减缓。

2. 红砖粉细度对再生水泥性能的影响

（1）试验原材料

激发剂采用水泥熟料和副产品石膏；由废砖破碎后磨制成的建筑垃圾红砖粉；采用比表面积 340m^2/kg 的矿渣粉。

（2）试验方法

对红砖粉进行粉磨，分别粉磨 0min、30min、60min、90min、120min，并测定不同粉磨时间红砖粉的比表面积，如图 3-23 所示。

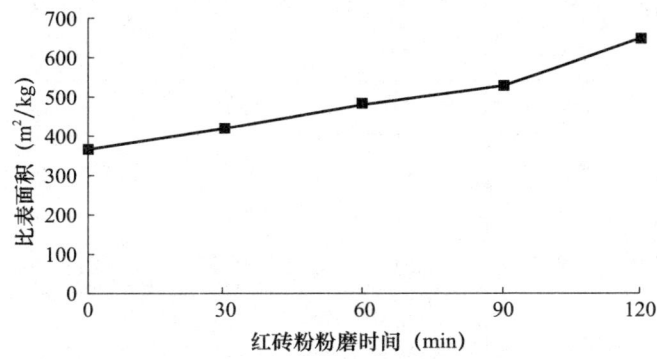

图 3-23 不同粉磨时间红砖粉的比表面积

将不同粉磨时间的红砖粉分别与矿渣粉按 5∶5 等量混合，以水泥熟料和副产品石膏作为激发剂，制备再生水泥胶砂试件。通过测试水泥胶砂 3d、7d、28d 抗压强度来分析红砖粉细度对再生水泥性能的影响，试验配合比及结果见表 3-31。

表 3-31 不同粉磨时间红砖粉制备再生水泥强度

序号	矿粉比表面积 (m^2/kg)	红砖粉粉磨时间 (min)	红砖粉比表面积 (m^2/kg)	3d 抗压强度 (MPa)	7d 抗压强度 (MPa)	28d 抗压强度 (MPa)
B1	340	0	364	16.60	20.9	30.2
B2	340	30	418	19.07	23.4	34.6
B3	340	60	480	19.73	27.6	38.4
B4	340	90	525	20.98	29.9	40.7
B5	340	120	648	22.79	32.1	41.5

由表 3-31 可知，在矿粉细度不变的情况下，随着红砖粉粉磨时间的延长，试件 28d 抗压强度逐渐提高，说明红砖粉比表面积越大，试件强度越高。这是因为通过粉磨，使晶体矿物的结构发生畸变，从而使粉体的活性提高，加快了体系内的反应速度。

3. 再生微粉中混凝土粉与红砖粉比例对再生水泥性能的影响

本试验的再生微粉采用红砖粉与混凝土粉的混合粉经超细粉磨后，复配普通S95矿粉制备再生水泥，在不同的矿粉/再生微粉比例（7:3、6:4、5:5）下，调整红砖粉与混凝土粉的比例（1:3、2:2、3:1），其中激发剂采用副产品石膏与硅酸盐矿物，副产品石膏掺量为15%，硅酸盐矿物掺量为10%，矿粉比表面积为340m²/kg，再生微粉（红砖粉与混凝土粉）比表面积均为700m²/kg。表3-32为不同混凝土粉与红砖粉比例时再生水泥强度。

表3-32 不同混凝土粉与红砖粉比例时再生水泥强度

编号	矿粉比例	再生微粉		3d抗压强度（MPa）	7d抗压强度（MPa）	28d抗压强度（MPa）
		混凝土粉占比*	红砖粉占比*			
C1	70%	25%	75%	28.70	33.71	44.87
C2		50%	50%	27.9	32.00	44.01
C3		75%	25%	26.75	32.78	43.88
C4	60%	25%	75%	26.55	32.29	43.53
C5		50%	50%	25.26	32.52	43.24
C6		75%	25%	24.96	31.25	42.12
C7	50%	25%	75%	25.56	32.48	41.21
C8		50%	50%	24.83	31.56	40.99
C9		75%	25%	24.7	31.09	40.85

*注：此处的占比是指混凝土粉和红砖粉在再生微粉中的占比，而不是在整个胶材中的占比。

由表3-32可知，随着再生微粉掺量的增加，矿粉掺量的降低，抗压强度逐渐降低，由此可知，即使粉磨过的再生粉活性，它依然低于普通矿粉，因此在矿粉未粉磨时其比例在7:3时强度最高。不断调节红砖粉与混凝土粉比例，可知红砖粉掺量大时强度较高。随着混凝土粉掺量的加入，试件胶砂强度有轻微下降，考虑可能与混凝土粉原配比强度有关，在混凝土粉加入再生水泥时应注意，不同来源的混凝土粉磨所得微粉活性差异较大，受废混凝土块原始配比中胶材强度及胶材用量影响较大，应充分均化后使用[7]。

4. 副产品石膏细度及粉磨方式对再生水泥性能的影响

（1）改变副产品石膏细度试验研究

选择超细粉磨后矿粉（比表面积为700m²/kg），超细粉磨红砖粉（比表面积为700m²/kg），将副产品石膏在烘箱中以60℃烘干至恒重，后置于球磨机中进行粉磨，改变副产品石膏粉磨时间10min、15min、20min、25min。设定矿粉与红砖粉比例为5:5，P·O 52.5水泥掺量为15%，粉磨后副产品石膏掺量为5%，配制再生水泥胶砂试件,分别测定 3d、7d、28d 抗压强度。试验设计及结果见表 3-33。

表 3-33 不同粉磨时间副产品石膏制备再生水泥强度

序号	矿粉比表面积 (m²/kg)	红砖粉比表面积 (m²/kg)	副产品石膏粉磨时间 (min)	副产品石膏比表面积 (m²/kg)	3d抗压强度 (MPa)	7d抗压强度 (MPa)	28d抗压强度 (MPa)
D1	700	700	0	212	28.68	33.49	40.98
D2	700	700	10	320	29.07	33.4	41.6
D3	700	700	15	380	29.73	34.6	42.8
D4	700	700	20	430	30.98	35.9	43.5
D5	700	700	25	500	30.85	34.9	42.7

由表 3-33 可知,随着副产品石膏粉磨时间的延长,3d 及 7d 抗压强度提高幅度不明显,但粉磨后的整体抗压强度还是优于未粉磨的强度(虽未粉磨,但是用筛网筛了一下,否则无法使用),且随着脱硫石膏细度的提高,试件抗压强度提高在粉磨时间 20min 时达到峰值。试验过程中发现脱硫石膏易磨,它作为激发剂使用时用量较低,因此发挥作用有限,对细度要求有限,在 400m²/kg 左右较适宜。

(2) 改变副产品石膏粉磨方式试验研究

赤泥是氧化铝碱法工艺流程产生的工业副产物,平均每生产 1t 氧化铝,附带产生 1.0~2.0t 赤泥。赤泥的主要成分来源于铝土矿中的 SiO_2、Fe_2O_3 和 TiO_2 等不溶性残渣,同时,由于采用碱法工艺,赤泥中仍残留大量的 NaOH,使其具有强碱性(pH>11),属强碱性工业Ⅱ类固体废物。祝丽萍等[8]根据拜耳法赤泥的强碱性等特点,选用拜耳法赤泥为碱激发剂,再添加少量熟料,通过将它们协同优化后替代水泥制备成矿山充填专用胶凝材料。田明阳[9]等以赤泥作为调整剂加入矿渣为主、辅加石膏及少量水泥的矿渣基胶凝材料中,考察赤泥掺合量对产品强度的影响,结果发现赤泥掺合量过多时,胶凝材料的强度会出现下降的情况,在赤泥掺量为 6% 时产品强度达到最高,胶凝材料的 3d、7d、28d 抗压强度分别达到 61.91MPa、70.56MPa、81.05MPa。

本小节利用拜耳法赤泥替代部分脱硫石膏作为激发剂制备再生水泥,其中赤泥与副产品石膏在粉磨中均加入一定比例的水,利用 JM-45 搅拌磨进行均匀搅拌 10min,此时测定脱硫石膏比表面积为 450m²/kg,赤泥比表面积为 430m²/kg,两者以浆体状态加入胶砂搅拌机中进行试验研究。

试验选择超细粉磨矿粉(比表面积为 700m²/kg),超细粉磨红砖粉(比表面积为 700m²/kg),设定矿粉与红砖粉比例为 5:5,P·O 52.5 水泥掺量为 15%,粉磨后副产品石膏与赤泥总掺量为 5%,两者以 5:0、4:1、3:2、2:3、1:4 的比例配制再生水泥胶砂试件,分别测定 3d、7d、28d 抗压强度,试验设计及结果见表 3-34。

表 3-34　改变赤泥取代脱硫石膏制备再生水泥强度

序号	矿粉比表面积（m²/kg）	红砖粉比表面积（m²/kg）	脱硫石膏比例（湿磨）	赤泥比例（湿磨）	3d 抗压强度（MPa）	7d 抗压强度（MPa）	28d 抗压强度（MPa）
E1	700	700	5%	0	28.67	34.85	41.18
E2	700	700	4%	1%	28.62	35.68	42.65
E3	700	700	3%	2%	29.03	35.47	43.28
E4	700	700	2%	3%	28.20	37.40	45.28
E5	700	700	1%	4%	26.74	35.89	40.82

注：脱硫石膏与赤泥共掺加 5%。

从以上试验结果可知，将湿磨后的赤泥取代脱硫石膏可行，强度没有较为明显的降低，基本与未加赤泥时接近，从 3d、7d、28d 抗压强度来看，赤泥取代脱硫石膏比例为 2%～3% 时强度略高。因此建议赤泥取代脱硫石膏比例在 2%～3% 之间（脱硫石膏总掺量为 5%）。

5. 硅酸盐矿物细度对再生水泥性能的影响

选择超细粉磨矿粉（比表面积为 700m²/kg），超细粉磨红砖粉（比表面积为 700m²/kg），其中将硅酸盐矿物粉磨 20min，副产品石膏未粉磨，硅酸盐矿物掺量 15%，副产品石膏掺量 5%，改变矿粉与红砖粉的比例，改变矿粉与红砖粉的比例，制备再生水泥胶砂试件，分别测定 3d、7d、28d 抗压强度，探讨不同矿粉、红砖粉比例下粉磨硅酸盐矿物后所带来的性能影响，试验设计及结果见表 3-35。

表 3-35　不同矿粉、红砖粉比例下粉磨硅酸盐矿物制备再生水泥强度

序号	矿粉:红砖粉	3d 抗压强度（MPa）		7d 抗压强度（MPa）		28d 抗压强度（MPa）	
		Ⅰ组未粉磨	Ⅱ组粉磨 20min	Ⅰ组未粉磨	Ⅱ组粉磨 20min	Ⅰ组未粉磨	Ⅱ组粉磨 20min
F1	8:2	33.56	32.15	40.49	40.41	50.26	51.36
F2	7:3	32.25	33.72	38.14	39.65	47.01	46.23
F3	6:4	31.16	30.25	36.81	37.25	44.77	44.15
F4	5:5	28.67	30.14	34.85	35.43	41.18	42.33

备注：Ⅰ组硅酸盐矿物未粉磨，此时比表面积为 430m²/kg；Ⅱ组硅酸盐矿物粉磨 20min，此时比表面积为 580m²/kg。

从表 3-35 可以看出，通过将硅酸盐矿物研磨 20min 与未研磨之前作为激发剂进行对比分析，从各胶砂试件后期强度看变化不大，尤其是矿粉与红砖粉比例在 8∶2 和 7∶3 时基本无增加；矿粉与红砖粉比例在 6∶4 和 5∶5 时后期强度略有增加，但矿粉占比较低时，硅酸盐矿物除发挥激发作用外，其水化产物还可以发挥出一定的强度补偿作用，此时提高硅酸盐矿物细度有利于提高试件抗压强度。

3.3 矿渣-再生微粉基再生水泥水化产物微观分析

在P·O 52.5水泥加无机盐的碱激发剂体系下优选的方案1,P·O 52.5水泥掺量为10%,副产品石膏掺量为15%。矿渣粉:再生微粉的比例为8:2,水胶比为0.3,减水剂1为聚羧酸系高性能减水剂,掺量为2.6%;氢氧化物加无机盐的碱激发剂体系下优选的方案2,氢氧化物掺量为4%,碳酸盐掺量为3%。矿渣粉:再生微粉比例为9:1,水胶比为0.34,减水剂2为萘系高效减水剂,掺量为1.2%;方案1和方案2中的样品配方见表3-36。将这两个方案按要求制成净浆试块,标准养护至相应龄期。

表3-36 方案1和方案2的样品配合比   g

方案	水胶比	矿渣粉	再生微粉	P·O 52.5水泥	副产品石膏	氢氧化物	碳酸盐	水	减水剂1	减水剂2
1	0.3	240	60	30	45	—	—	83	9.3	—
2	0.34	270	30	—	—	12	9	102	—	3.6

3.3.1 XRD 分析

将方案1和方案2下养护至相应龄期的净浆试块,用研钵磨细,过80μm筛,进行XRD分析。方案1下的XRD图谱见图3-24;方案2下的XRD图谱见图3-25。

观察图3-24可以看出,P·O 52.5水泥和副产品石膏作为激发剂下的XRD图谱中,有对应硅酸钙、莱粒硅钙石、托勃莫来石、斜方硅钙石、类沸石等晶体的衍射峰出现,说明在反应中有晶体析出;观察图3-25可以看出,氢氧化物和碳酸盐作为激发剂下的XRD图谱中,有对应石英和沸石类矿物的衍射峰出现,沸石类矿物为胶凝材料水化反应产生;从图3-25中可以看出,胶体的弥散峰面积较大,说明反应生成了大量的结晶度差或者无定形的C-S-H或C-A-S-H胶体。

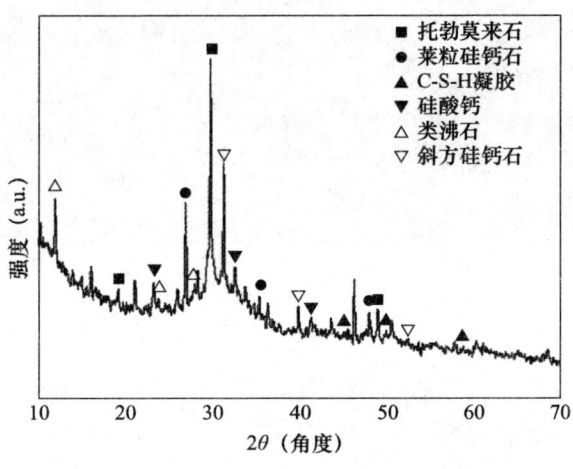

图3-24 方案1下的XRD图谱

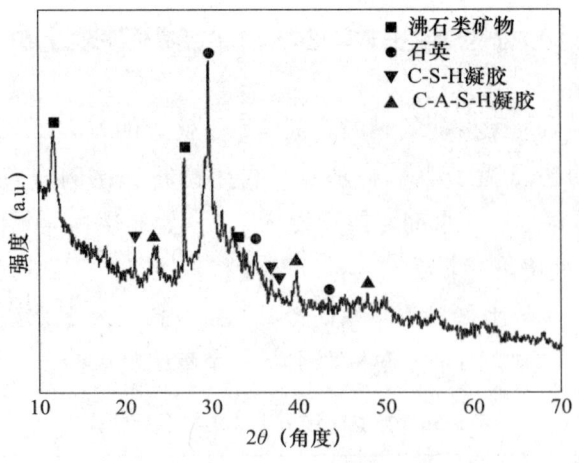

图 3-25　方案 2 下的 XRD 图谱

3.3.2　SEM 分析

将上述的方案 1 和方案 2 下的净浆样品进行烘干，并按要求制成相应的尺寸，对其进行扫描电镜分析。

方案 1 下样品放大不同倍数的扫描电镜图见图 3-26 和图 3-27。由图 3-26 可以看出，生成的水化产物由絮状凝胶包裹在一起形成密实的结构，外部有少量的颗粒和少量的针棒状钙矾石结构；由图 3-27 可以看出，少量裸露的针棒状钙矾石都被絮状凝胶包裹在里面，整体结构的聚合度较高且致密性好。

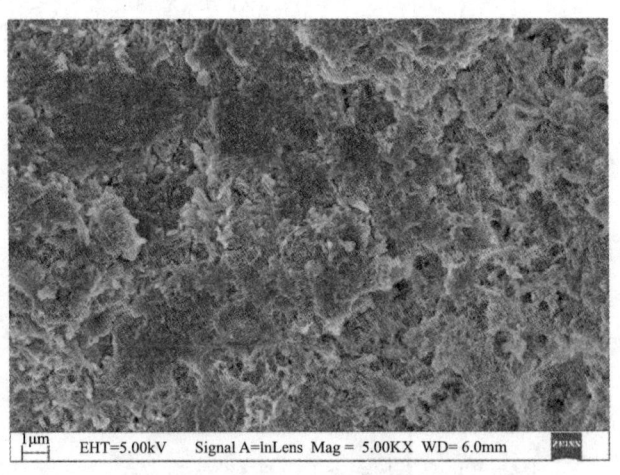

图 3-26　方案 1 下的 SEM 图×500

方案 2 下样品放大不同倍数的扫面电镜图像见图 3-28 和图 3-29。由图 3-28 和图 3-29可知，有大量的凝胶体存在，凝胶体的空隙非常小，外部有一些未反应的粉体颗粒，整体结构非常密实。氢氧化物和碳酸盐作为激发剂，反应早期阶段形成碳酸钙和碳

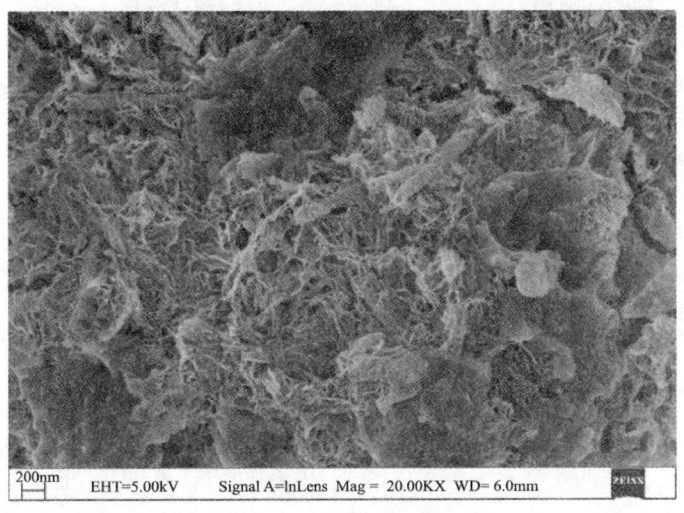

图 3-27　方案 1 下的 SEM 图×2000

酸盐/碳酸钙复盐，这是由激发剂中的碳酸根离子与粉体中溶解的钙离子之间相互作用的结果，在更长的养护时间内形成 Al 取代的 C-S-H 凝胶，其能促进浆体的硬化；水化产物主要以 C-S-H 凝胶、C-A-S-H 凝胶和沸石类矿物为主，水化产物结构非常密实，有网格状的凝胶体 C-S-H[10]；碳酸盐加入体系中，有利于硅氧四面体和铝氧八面体的解聚，二氧化硅和氧化铝可以和氢氧化钙进行二次水化，生成强度较高的 C-S-H 凝胶、C-A-S-H 凝胶[11]。

通过 XRD 和 SEM 分析结果可知，两个体系下的水化产物主要由类沸石矿物以及大量 C-S-H 凝胶、C-A-S-H 凝胶组成。

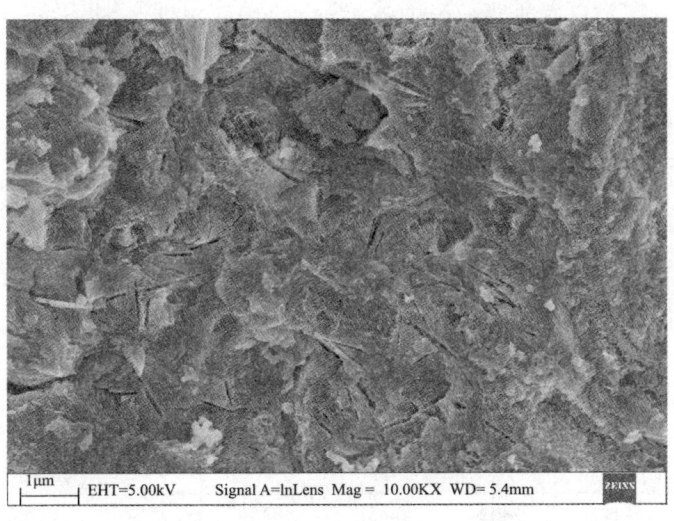

图 3-28　方案 2 下的 SEM×1000

图 3-29 方案 2 下的 SEM×2000

3.4 矿渣-再生微粉基再生水泥混凝土耐久性研究

由前几节关于矿渣-再生微粉基再生水泥的激发剂方案的优化，最终在 P·O 52.5 水泥中加无机盐与氢氧化物加无机盐的碱激发剂体系下各选了一个较优的方案。方案 1：再生水泥配比为 P·O 52.5 水泥掺量为 10%，副产品石膏掺量为 15%。矿渣：再生微粉比例为 8：2，水胶比为 0.3，减水剂 1 为聚羧酸系高性能减水剂，掺量为 2.6%；方案 2：再生水泥配比为氢氧化物掺量为 4%，碳酸盐掺量为 3%。矿渣：再生微粉比例为 9：1，水胶比为 0.34，减水剂 2 为萘系高效减水剂，掺量为 1.2%。方案 1 下混凝土配方见表 3-37；方案 2 下混凝土配合比见表 3-38。按照《混凝土物理力学性能试验方法标准》(GB/T 50081—2019)、《普通混凝土长期性能和耐久性能试验方法标准》(GB/T 50082—2009) 来进行混凝土耐久性试验。

表 3-37 方案 1 的混凝土配合比

水胶比	P·O 52.5 水泥 (kg/m³)	副产品石膏 (kg/m³)	矿渣粉 (kg/m³)	再生微粉 (kg/m³)	石 (kg/m³)	砂 (kg/m³)	水 (kg/m³)	聚羧酸减水剂 (kg/m³)
0.3	48	72	384	96	1061	499	133	14.9

表 3-38 方案 2 的混凝土配合比

水胶比	氢氧化物 (kg/m³)	碳酸盐 (kg/m³)	矿渣粉 (kg/m³)	再生微粉 (kg/m³)	石 (kg/m³)	砂 (kg/m³)	水 (kg/m³)	萘系高效减水剂 (kg/m³)
0.34	19	14	432	48	1120	527	163	5.7

3.4.1 抗硫酸盐侵蚀试验

抗硫酸盐侵蚀试验中，方案1和方案2下的试块质量变化率、不同干湿循环次数下试块的抗压强度、耐蚀系数实测结果见表3-39和表3-40；方案1和方案2在不同循环次数下的质量变化率如图3-30所示；方案1和方案2在不同循环次数下的抗压强度如图3-31所示；方案1和方案2在不同循环次数下的 K_f 如图3-32所示。

表 3-39 方案1抗硫酸盐侵蚀性能

干湿循环次数	15	30	45	60	90	120	150
质量变化率（%）	0.09	0.14	0.21	0.26	0.40	−0.75	−2.48
试验抗压强度（MPa）	—	54.5	—	60	58.1	53.2	49.2
对比抗压强度（MPa）	—	51.4	—	55.0	55.3	54.8	54.1
耐蚀系数 K_f（%）	—	106	—	109	105	97	91

表 3-40 方案2抗硫酸盐侵蚀性能

干湿循环次数	15	30	45	60	90	120	150
质量变化率（%）	0.06	0.11	0.12	0.17	0.27	0.15	−2.07
试验抗压强度（MPa）	—	51.2	—	53.1	52.7	47	43.6
对比抗压强度（MPa）	—	50.2	—	51.0	52.2	52.8	53.2
耐蚀系数 K_f（%）	—	102	—	104	101	89	82

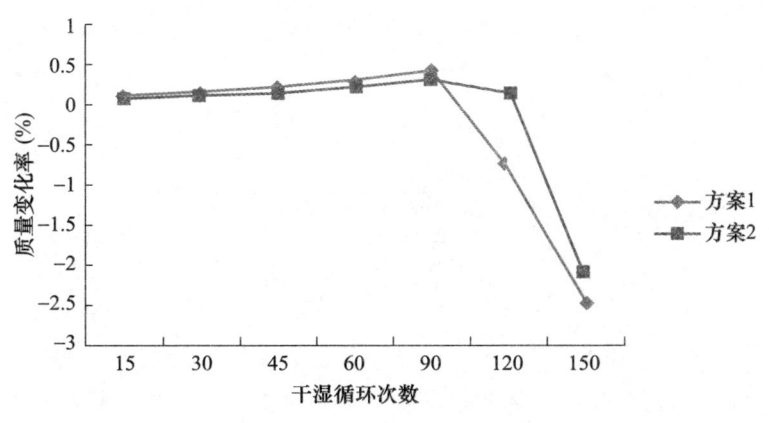

图 3-30 不同循环次数下的质量变化率

由表3-39、表3-40和图3-30可知，随着干湿循环次数的增加，两个体系下的混凝土立方体的质量变化率都在增加，当循环次数超过90次时出现下降的趋势；当干湿循环次数从90次增加到120次时，氢氧化物加无机盐的碱激发剂体系下的混凝土试块质量下降的速度要低于 P·O 52.5 水泥加无机盐的碱激发剂体系下混凝土的速度。

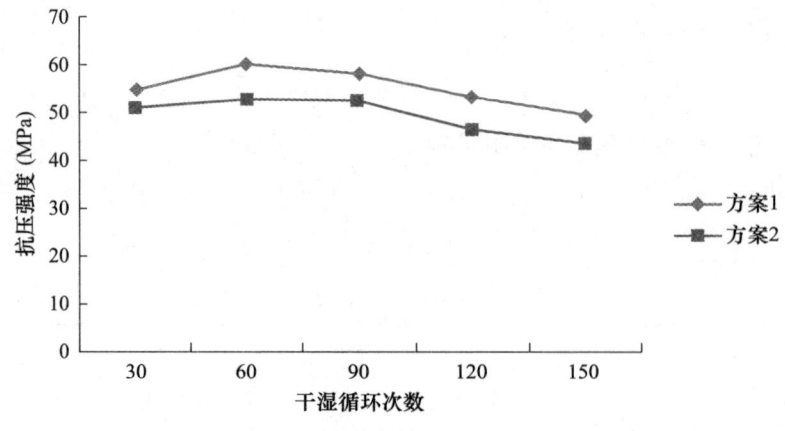

图 3-31　不同循环次数下的抗压强度

由表 3-39、表 3-40 和图 3-31 可知，随着干湿循环次数的增加，两个体系下的混凝土立方体试块抗压强度都呈现先上升后下降的趋势：当干湿循环次数从 30 次增加到 60 次时，混凝土抗压强度逐渐上升，增幅基本一致，由于在干湿循环过程中，未水化的矿渣粉和再生微粉进一步水化；当循环次数超过 90 次时，混凝土抗压强度开始下降，降幅较大，由于硫酸盐晶体在试块表面的空隙中会产生结晶压力，随着干湿循环次数的增加，硫酸盐结晶也不断增长，会降低混凝土试块的抗压强度。

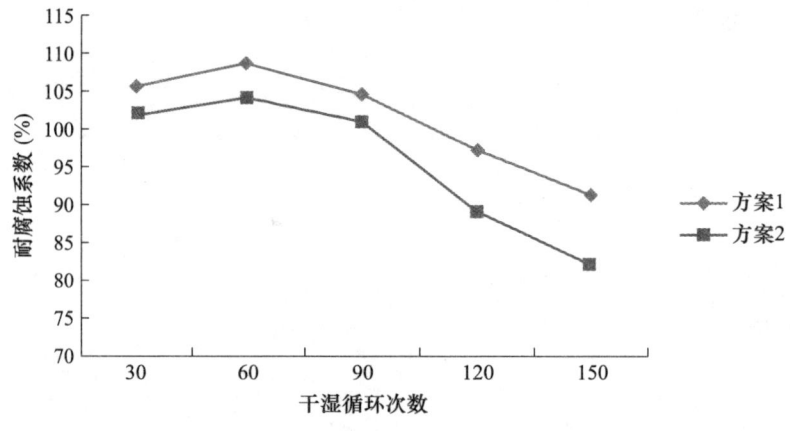

图 3-32　不同循环次数下的耐腐蚀系数

由表 3-39、表 3-40 和图 3-32 可知，随着干湿循环次数的增加，两个体系下的抗压强度耐腐蚀系数呈现先上升后下降的趋势：当循环次数从 30 次增加到 60 次时，增幅较大；在 P·O 52.5 水泥加无机盐的碱激发剂体系下的混凝土试块，当循环次数超过 60 次时，耐腐蚀系数开始下降；在氢氧化物加无机盐的碱激发剂体系下的混凝土试块，当循环次数超过 60 次时，耐腐蚀系数开始下降；当干湿循环次数达到 150 次时，两个体系的耐蚀系数均大于 75%，说明在氢氧化物加无机盐的碱激发剂体系和 P·O 52.5 水泥加无机盐的碱激发剂体系下的混凝土有较好的抵抗硫酸盐腐蚀的性能。

3.4.2 抗渗试验

为了研究矿渣-再生微粉基再生水泥混凝土的抗渗性能,按照方案1和方案2拌制混凝土。试件标准养护至相应龄期,按照前述试验规范在HP-4.0混凝土抗渗仪上进行混凝土抗渗试验。方案1和方案2的混凝土抗渗性能见表3-41和表3-42。

表3-41 方案1的混凝土抗渗性能

序号	1	2	3	4	5	6	均值
水痕高度均值(cm)	3.2	3.3	3.2	3.4	3.2	3.3	3.3
相对抗渗系数($\times 10^{-6}$ cm/h)	0.533	0.556	0.533	0.591	0.533	0.556	0.550

表3-42 方案2的混凝土抗渗性能

序号	1	2	3	4	5	6	均值
水痕高度均值(cm)	3.2	3.1	3.2	3.3	3.2	3.1	3.2
相对抗渗系数($\times 10^{-6}$ cm/h)	0.533	0.500	0.533	0.556	0.533	0.500	0.528

由表3-41和表3-42可知,两个体系下的混凝土试块的水痕高度较低,相对抗渗系数较小,有较好的抗渗性能;氢氧化物加无机盐的碱激发剂体系下的混凝土抗渗性能要优于P·O 52.5水泥加无机盐的碱激发剂体系。

综上所述,制备的矿渣-再生微粉基再生水泥的混凝土有较好的抗渗性能。

3.4.3 冻融循环试验

为了研究矿渣-再生微粉基再生水泥混凝土在冻融循环条件下的抗冻性能,结果见表3-43和表3-44。方案1和方案2的混凝土棱柱体质量损失率见图3-33;方案1和方案2的混凝土棱柱体的相对动弹性模量见图3-34。

表3-43 方案1的混凝土抗冻性能 单位:%

冻融循环次数	25	50	75	100	125
质量损失率(%)	0.15	0.21	0.34	0.41	0.52
相对动弹性模量(%)	95	88	85	83	82

表3-44 方案2的混凝土抗冻性能 单位:%

冻融循环次数	25	50	75	100	125
质量损失率(%)	0.21	0.35	0.42	0.47	0.56
相对动弹性模量(%)	93	86	81	77	73

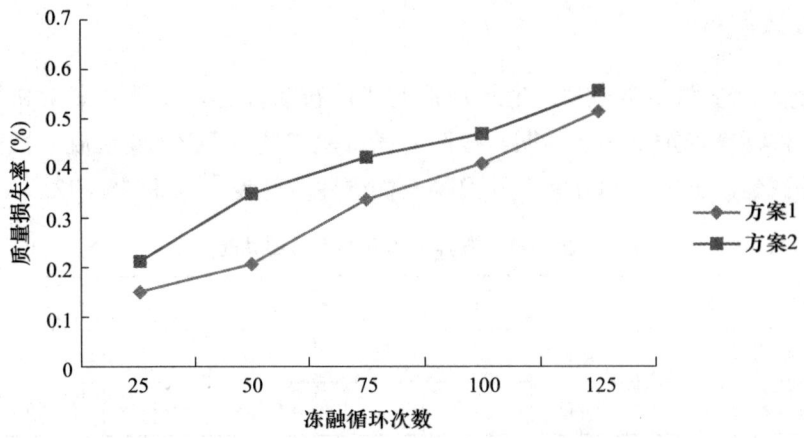

图 3-33　方案 1 和方案 2 的混凝土棱柱体的质量损失率

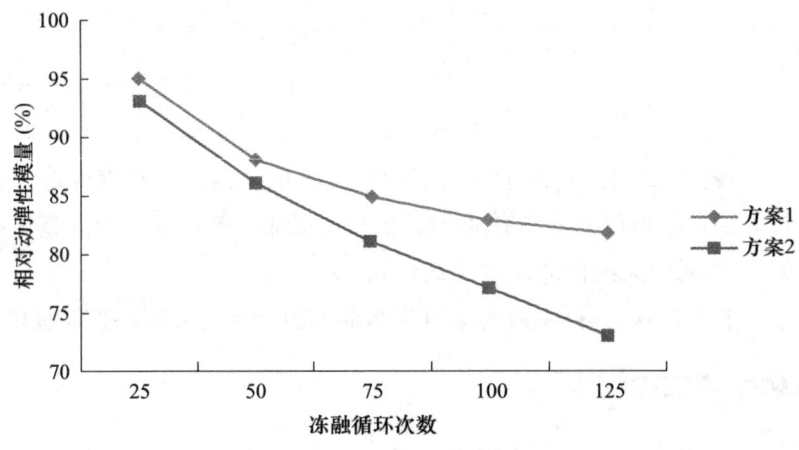

图 3-34　方案 1 和方案 2 混凝土棱柱体的相对动弹性模量

由表 3-43、表 3-44 和图 3-33 可知，随着冻融循环次数的增加，混凝土棱柱体的质量损失率呈现上升的趋势；氢氧化物加无机盐的碱激发剂体系下的混凝土棱柱体随着冻融循环次数的增加，质量损失率的增幅要高于 P·O 52.5 水泥加无机盐的碱激发剂体系；当冻融循环次数从 100 次增加到 120 次时，两个体系下的混凝土棱柱体的质量都大幅度下降，质量损失率高于 0.5%。

由表 3-43、表 3-44 和图 3-34 可知，随着冻融循环次数的增加，混凝土棱柱体的相对动弹性模量呈现下降的趋势；氢氧化物加无机盐的碱激发剂体系下的混凝土棱柱体随着冻融循环次数的增加，相对冻弹性模量的降幅要快于 P·O 52.5 水泥加无机盐的碱激发剂体系；当冻融循环次数从 25 次增加到 50 次时，两个体系的相对动弹性模量降幅相当，但是当冻融循环次数超过 50 次时，氢氧化物加无机盐的碱激发剂体系下的混凝土棱柱体的相对动弹性模量持续下降，而 P·O 52.5 水泥加无机盐的碱激发剂体系下的混凝土棱柱体的相对动弹性模量则相对缓慢下降[12]。

综上所述，两种方案的混凝土抗冻等级均在 F125 以上，P·O 52.5 水泥加无机盐的碱激发剂体系下的混凝土抗冻性能要优于氢氧化物加无机盐的碱激发剂体系。

由此可知，以硅铝基胶凝材料为主的混凝土制品具有良好的耐久性能，其本源在于该种混凝土是以仿"地成岩"思想为指导，所用胶凝材料为硅铝体系，而不同于传统水泥的高钙体系。硅铝基绿色混凝土中胶凝物与骨料之间的界面与岩石中界面类似，胶凝物和骨料"焊接"在一起，形成致密的整体结构，而普通水泥混凝土中胶凝物只是将骨料"包裹"在一起，如图 3-35 所示。

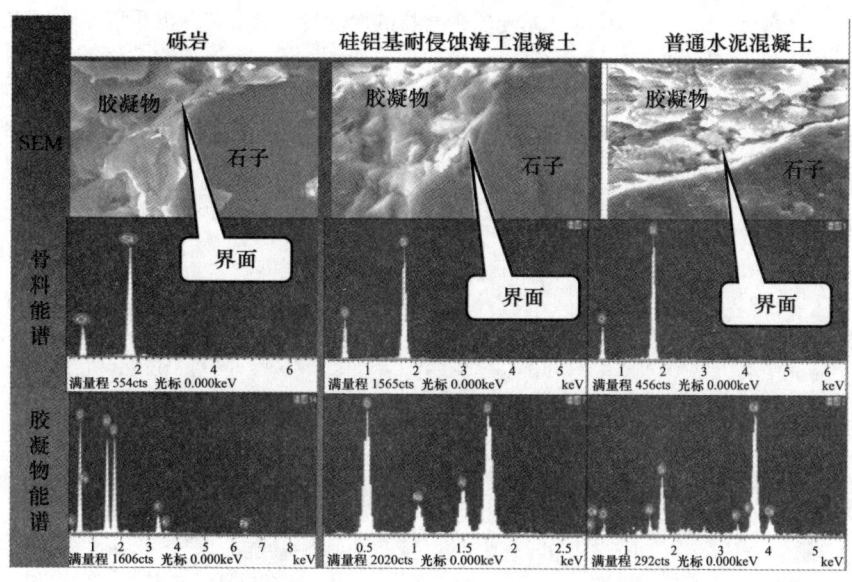

图 3-35　硅铝基绿色混凝土、砾岩、普通水泥混凝土的界面 SEM 分析

参考文献

[1] 中华人民共和国国家质量监督检验检疫总局，中国国家标准化管理委员会. 用于水泥、砂浆和混凝土中的粒化高炉矿渣粉：GB/T 18046—2017 [S]. 北京：中国标准出版社，2017：12.

[2] 中华人民共和国国家质量监督检验检疫总局，中国国家标准化管理委员会. 用于水泥和混凝土中的粉煤灰：GB/T 1596—2017 [S]. 北京：中国标准出版社，2017：7.

[3] 国家市场监督管理总局，国家标准化管理委员会. 水泥胶砂强度检验方法（ISO 法）：GB/T 17671—2021 [S]. 北京：中国标准出版社，2021：12.

[4] 李克亮，杜晓蒙，李敏. 低成本碱激发绿色胶凝材料配方优化、性能及其微观结构研究 [M]. 北京：中国水利水电出版社，2020.

[5] 代柱瑞. 减水剂对不同胶凝材料的吸附及流变性调控机理 [D]. 武汉：武汉理工大学，2014.

[6] Davidovits, J. Synthetic mineral polymer compound of the silicoalumiRtes family and preparation process，US Patent，1981（4）：457-472.

[7] 尹韶宁，吴小缓，袁鹏，等. 粉煤灰-矿粉复合超细粉制备及其在水泥中的应用试验研究 [J]. 水泥，2020（6）：1-4.

[8] 祝丽萍,倪文,黄迪,等.赤泥膏体和似膏体全尾砂胶结充填料研究[J].矿业研究与开发,2011,31(4):17-21.

[9] 田明阳,倪文,张玉燕,等.赤泥作矿渣基胶凝材料调整剂的研究[J].金属矿山,2011,(12):148-150.

[10] 刘泽,周瑜,孔凡龙,等.碱激发矿渣基地质聚合物微观结构与性能研究[J].硅酸盐通报,2017,36(6):1830-1834.

[11] 程麟,朱成桂,盛广宏.碱磷渣水泥的力学性能及微观结构[J].硅酸盐学报,2006,34(5):604-609.

[12] 夏琳玲,吴大志,陈柯宇.粉煤灰基地质聚合物的性能研究及机理分析[J].水利规划与设计,2021(4):79-82+132+137.

4 建筑垃圾及工业固废分别粉磨配制低碳水泥

4.1 低碳水泥背景介绍

4.1.1 研究背景与意义

在水泥生产过程中，国内大多数工厂水泥制成工序采用传统的共同粉磨工艺，即所用物料通过库底按不同比例配料计量，经输送进入粉磨设备磨细，生产不同品种、不同等级的水泥。传统共同粉磨工艺流程应用范围广，相对比较简单。但因各种被磨物料的易磨性不同，且呈现动态性变化，导致水泥成品细度与颗粒粒径分布波动较大。采用共同粉磨工艺制备的水泥成品中仍有部分较粗粒径的水泥熟料颗粒（水化时间很长的≥65μm 以及≥80μm 粗颗粒），在混凝土制备中充当了填充性材料而白白浪费了其水化活性，且降低了混合材料掺入量。为了减少或避免水泥性能的波动，一般都是采取适当提高熟料掺入比例的保守做法。由于粉磨方式存在一定的局限性，在共同粉磨工艺中，混合材料掺入量一般不超过 40%，由此增加了吨水泥的制造成本，难以做到物尽其用。国外水泥生产企业绝大多数应用分别粉磨与配制工艺，将所用水泥组分材料分别粉磨至一定细度进入储库，经库底计量秤准确计量进入均化设备均化，之后输送至水泥成品包装储库或散装储库。采用分别粉磨与配制工艺，水泥中的混合材料掺入量可以达到 50%以上[1]。

目前，国内水泥分别粉磨工艺一般有两种，一种是各种材料单独磨细入库，然后计量配制均化再入储库；另一种是采购大集团的高等级成品水泥（如 P·Ⅰ 52.5 级或 P·Ⅱ 52.5 级，P·O 52.5R 级等）入库，自行制备超细混合材料入库，再经准确地计量配制均化为水泥成品[2]。

共同粉磨工艺配入原状粒化高炉矿渣生产的水泥，由于被磨材料易磨性的差异，加之所有的粉磨设备对被磨物料都存在固有的"选择性磨细"功能，导致矿渣的胶凝活性得不到充分发挥。根据我国著名水泥与混凝土专家张大康教授的研究[3]，当熟料与矿渣共同粉磨时，由于矿渣的易磨性比熟料更差，即使水泥成品比表面积为 $350m^2/kg$ 时，矿渣的比表面积只有 $232\sim282m^2/kg$（低于水泥成品 $68\sim118m^2/kg$）。总之，对于比熟料易磨性差的混合材料，共同粉磨时其细度与期待的相反，矿渣比熟料颗粒粒径更粗，采用分别粉磨配制工艺，水泥成品颗粒粒径分布更为合理，对提高水泥性能具有很大优势。

20 世纪 90 年代，根据邹伟斌在水泥企业化验室工作期间的试验研究表明[4]，利用原状矿渣配比 20%生产 P·S 42.5 矿渣水泥时，先取水泥成品样待检。然后由磨尾掺入不同比例的比表面积≥450m²/kg 的超细矿渣微粉（碱性系数 M_o=1.0 的中性矿渣），利用成品选粉机作为均化设备，再取不同比例超细矿渣微粉掺入量的水泥成品样待检。经集中对比测试掺加超细矿渣微粉的水泥早期和后期的抗折强度与抗压强度非但没有降低，反而有显著的提高，尤其是该矿渣水泥表现出优异的高抗折性能。相对于原状矿渣而言，单独磨细制备的高比表面积矿渣微粉，化学活性更高，水化反应能力更好，在生产过程中对改善水泥成品的物理力学性能具有重大意义。

既采用原状矿渣，同时又掺入比表面积≥450m²/kg 的超细矿渣微粉，生产的 P·S 42.5 矿渣水泥胶砂强度检测结果（采用《水泥胶砂强度检验方法（ISO 法）》(GB/T 17671—1999)[5] 见表 4-1。

表 4-1 矿渣水泥生产中掺入超细矿渣微粉的胶砂强度

样品名称	超细矿渣微粉掺入量（%）	各龄期抗折强度/抗压强度（MPa）		
		3d	7d	28d
基准水泥	20（原状矿渣）	4.6/24.7	6.2/34.0	7.9/48.7
试验水泥 A	40	4.1/21.3	6.5/36.0	9.1/54.2
试验水泥 B	30	5.2/28.0	6.9/42.0	9.6/59.2
试验水泥 C	20	5.5/29.3	7.1/43.5	10.2/61.4

由表 4-1 数据分析可知，在采用原状矿渣配料 20%生产 P·S 42.5 矿渣水泥过程中分别掺入不同比例的超细矿渣微粉（相当于部分分别粉磨配制工艺），制备的水泥各龄期强度均高于应用原状矿渣的水泥，这充分说明对于易磨性很差，但化学活性很好的混合材料，采取分别粉磨方式，通过机械力化学活化原理激发其水化反应活性是极其合理的，实施超细粉磨，才能有效地缩小其颗粒粒径，提高水化反应速率。共同粉磨工艺生产的 P·S 42.5 矿渣水泥的 3d 龄期到 28d 龄期抗压强度增长值为 24MPa，而掺入超细矿渣微粉的 P·S 42.5 矿渣水泥 3d 龄期到 28d 龄期抗压强度增长值全部>31MPa，相对于共同粉磨的水泥 3d 龄期到 28d 龄期抗压强度增长值在 7MPa 以上。

合肥水泥研究设计院有限公司周宏建[6]提出的"配制水泥"关键技术主要设计思想起源于水泥粉磨生产线及混凝土搅拌站，总体布局参考水泥粉磨生产线。生产线从前到后分别为：原材料卸船及输送、原材料储存、配料及水泥配制系统、水泥储存及散装系统、水泥包装及发运系统等，生产线重点车间为水泥配料及搅拌系统，国外同类生产线一般采用间歇式生产工艺，其配料稳定，成分均匀，但生产效率低。国内与国外水泥市场差异较大，主要在于市场需求量大，对配料稳定性以及成分均匀性要求也很高。为了解决这个问题，周宏建团队创新设计了一种类似于楼式商品混凝土搅拌站的系统，在确保计量秤计量误差±1%前提下,既能保障产品的均匀性,又提高了系统的生产效率,单套生产能力达到400t/h。

周宏建等的设计方案为在搅拌楼上方设置小型空中料仓,作为粉料缓存使用;在料仓出料口设计电动流量调节阀及斜槽等输送设备,经过转子秤计量后同步进入搅拌机;每种物料进入搅拌机的速度及时间均一致,在转子秤计量精准的前提下,保障了每千克成品水泥的成分均匀性,同时提高了系统的生产效率。

4.1.2 国内外其他配制水泥介绍

(1) 生产胶凝材料时加入外加剂[7]

依据 V. Alunno Rossetti 等的试验研究,意大利一家水泥厂投产了一种特种超塑化水泥(special super plasticized cement,SPC),该水泥是在意大利52.5级硅酸盐水泥生产时掺入超塑化剂而制成的。该试验的目的是使用水泥时,在加水之前掺入超塑化剂使其先吸附在水泥颗粒的表面,以提高流化的效果,同时可避免超塑化剂掺入混凝土中时被骨料吸附而降低效率的问题。Rossetti 等将超塑化剂用三种方式掺入水泥,测定溶液中超塑化剂溶出量,并用微型坍落度仪测定坍落度的经时变化。①在工厂中试时生产SPC(即在生产水泥时加入超塑化剂);②在使用水泥时加入超塑化剂(称 SPAD 试样);③将超塑化剂溶于水中(称 AD 试样)。

瑞典用中热水泥和硅灰生产出一种强力改性水泥(energetically modified cement,EMC),EMC 是一种用于高强和超高强混凝土的低需水量专用水泥。水泥在掺入超塑化剂粉磨的同时还掺入了硅灰。改进后的水泥比基准水泥的强度提高60%以上,可以用0.19的水灰比配制出抗压强度为170MPa的超高强混凝土。

1993年俄罗斯正式注册 BHB 水泥(该符号为俄文,译为英文为 VNV 水泥,且已有数家水泥厂生产)。BHB 水泥相对于普通水泥标准稠度用水量为25%~30%,BHB-40~BHB-100的标准稠度用水量为16%~20%。BHB 的后缀数字代表该水泥中熟料的用量。BHB 水泥减少熟料用量可达50%~70%,但所配制的混凝土抗压强度可达80~100MPa;该水泥中熟料取代量最多可达70%,强度却比基准水泥的高。

(2) 大量掺入矿物细掺料及其不同品种的复合

2000多年前,罗马人用石灰与火山灰混合物建造了大型的建筑物,至今仍然完好,如著名的万神殿;罗马 Caligula 皇帝时期用石灰和火山灰混合物建造的那不勒斯海港,至今虽然被海浪磨光了表面,长满青苔,但混凝土仍完好无损,数百米长的墙几乎无一裂缝。

硅酸盐水泥使用100多年来,由于使用部门不断提高强度,尤其是早期强度,水泥强度等级不断提高。近50年来,片面提高强度而忽视其他性能的倾向造成水泥生产向大幅度提高细度和硅酸三钙、铝酸三钙含量发展。提高混凝土强度的方法除采用高强度等级水泥外,更多的是增加每 $1m^3$ 混凝土中的水泥用量,降低水灰比与每 $1m^3$ 加水量,因此混凝土的流动性随之下降，甚至不得不采用高频振捣以期保证密实性和均匀性，增加了劳动强度与能耗。与此同时，一方面建设速度加快，另一方面操作人员素质下降，使混凝土质量得不到保证。直到20世纪80年代前后，混凝土耐久性问题越来越尖锐，因混凝土材质劣化和环境的侵蚀作用，出现混凝土建筑物破坏失效甚至崩塌等事故，造成巨大损失。因此，目前生产的水泥不能适应高性能混凝土的要求。优质矿物细掺料的大量使用应运而生，目前在美国预拌混凝土中粉煤灰掺量已达37%；英国已将粉煤灰体积用量60%~80%的混凝土用于水坝、路面、机场停机坪等工程，在油罐、高架桥预制块、给水塔等工程中，粉煤灰体积掺量为40%~60%；日本新建的悬索跨海大桥——明石消峡大桥，采用了免振捣的高性能混凝土。28d抗压强度为51.9MPa的缆索锚固在基础混凝土中，矿渣和粉煤灰总产量为60%；28d平均抗压强度为24MPa的主桥墩混凝土中细掺料用量为80%。

2000年前，古罗马人使用石灰与火山灰胶凝材料的成功先例中，混凝土大量掺用优质矿物细掺料后的耐久性是较好的。由于超细粉磨、分别粉磨技术的发展，现在使用大量工业固废及建筑固废超细粉的低碳水泥绝不是以前石灰、火山灰胶凝材料的简单重复，而是具有高强度、高抗化学侵蚀性、低需水量、低水化热、低收缩等高性能的新型胶凝材料。

4.2 低碳水泥及原材料性能介绍

低碳水泥是指在我国双碳循环经济形式下相对于传统波特兰水泥"二磨一烧"生产工艺的一种低碳环保材料，是将建筑固废与工业固废根据其特性分别超细粉磨后作为混合材，充分发挥其最大水化胶凝活性，物尽其用。经分别粉磨、精准配料、充分均化后可大幅降低传统水泥的熟料用量，提高稳定水泥质量，降低水泥企业制造成本。其主要原材料及相关介绍如下。

(1) P·Ⅰ 52.5级或P·Ⅱ 52.5级，P·O 52.5 R级水泥

低碳水泥主要组成为水泥熟料及二水石膏，不掺或掺入少量（<5%）混合材，能有效地保证低碳水泥强度不受其中混合材的影响；在资源各方面允许的情况下，可优先选择水泥熟料配制低碳水泥，但在水泥熟料的选择上，水泥熟料的化学成分、强度和需水性对低碳水泥的性质都有重要的影响。由于配制后低碳水泥配制混凝土时高效减水剂的加入，存在水泥与高效减水剂的相容性问题，而水泥熟料的矿物组成中的C、A含量与活性是影响水泥与高效减水剂相容性的主要因素。C：钙、A：铝含量高的水泥容易出现与减水剂相容性不好的问题。因此，选用C、A含量较低的熟料对配制出各方面性能比较好的低碳水泥更有利一些。原则上，配制低碳水泥时熟料品种可不作专门要求，但最好选用C、A含量较低的熟料。一般要求熟料强度在52.5级以上。

(2) 超细矿渣

粒化高炉矿渣属于由非晶态玻璃体组成的工业废渣，同时具备胶凝性及火山灰活性。从其化学成分及矿相组成与微观结构来看，矿渣本质上是一种经过高温处理的低钙高硅水泥熟料，含有高水硬活性的硅酸盐矿物 β-C_2S 与铝酸盐矿物以及高活性玻璃体，在含有硫碱的环境中，持续水化反应能力好，后期强度与远期强度增长率高。掺有粒化高炉矿渣的水泥能够与硅酸盐水泥熟料（高钙低硅）强度增长规律产生良好的优势互补效应。粒化高炉矿渣高活性玻璃体含量高，易磨性（国内不同钢铁企业产出的粒化高炉矿渣粉磨功指数 W_i 一般在 17～30kW·h/t 范围内，大多数在 20～26kW·h/t 之间）比硅酸盐水泥熟料（粉磨功指数 W_i 平均值在 14～19kW·h/t 之间）差得多（关于不同碱性系数的粒化高炉矿渣易磨性，由好至差排序的一般规律是 M_o>1.0 的碱性矿渣易磨性>M_o=1.0 的中性矿渣>M_o<1.0 的酸性矿渣，酸性矿渣 SiO_2 含量高，易磨性最差）[8]。

粒化高炉矿渣超细微粉的制备过程属于机械力学活化，通过机械力物理方法实现磨细，显著提高了超细矿渣微粉的化学反应活性和水化反应速率，使水泥石不同龄期的抗压强度稳定增长。由于采用分别粉磨工艺，粒化高炉矿渣在超细处理过程中可以将其粉磨得更细，能够充分发挥超细矿渣微粉的水化活性。随着超细矿渣微粉比表面积的增大，其微细颗粒含量显著增加，颗粒粒径逐渐缩小，在水泥配制中大幅度地提高了水泥粉体堆积密度，能够显著降低水泥的标准稠度用水量。依据水泥水化反应原理，在相同的条件下，反应物的颗粒粒径越小，表面积越大，则水化反应速率就越快，越有利于提高水泥的强度。20 世纪 60 年代初，南京化工学院闵盘荣教授等人采用马鞍山钢铁公司高炉冶炼生铁的粒化高炉矿渣，在研制快硬高强矿渣水泥时，矿渣掺入量 20%～25%。采取共同粉磨生产工艺，在制备过程中发现，若要使水泥获得优良的强度性能，成品合理的比表面积必须在 600～700m^2/kg，充分说明有效地提高矿渣的磨细程度，降低矿渣颗粒粒径，对水泥早期与后期以及远期强度的发挥极其重要[9]。

将优质的 S95 级或 S105 级矿渣粉单独粉磨至比表面积 1300m^2/kg，此时在低碳水泥中的掺量为 10%，除发挥传统矿渣的相关性能（在富碱的反应环境中，随着水泥熟料水化过程中析出的强碱性基团 OH^- 与石膏中带入的硫酸根离子 SO_4^{2-} 能够更有效激发矿渣玻璃体的胶凝活性，使水泥后期及远期强度具有良好的持续发挥能力）之外，更兼具超细粉体性能，填充效应及微骨料效应随着比表面积的增大，颗粒粒径不断缩小，内部微观结构的晶格缺陷与畸变程度大幅增加，能极大地提高水泥水化速度及早期强度[10-11]。超细矿渣（1300m^2/kg）的加入将会带来一定的强度富余，此时可在低碳水泥中加入一定的低成本固废基微粉，在保障强度的同时可有效地降低企业生产成本。

(3) 超细粉煤灰

将二级粉煤灰单独粉磨至比表面积 700m^2/kg，此时与石灰石粉、砖粉等其他工业废渣共同在水泥中掺入 40%～50%。其中粉煤灰在超细粉磨过程中受到机械力化学活化，成为高活性微米级粉体。超细粉煤灰掺入水泥或混凝土中，具有"颗粒形态效应，微骨料填充效应和火山灰效应"。其良好的潜在火山灰活性得到更充分的发挥，促进了在水泥水化中的反应速度。随着反应过程的深入，凝胶数量不断增多，使水泥石或混凝土内部结构更加密实，水孔减少。同时，超细粉煤灰颗粒自身具备的"微骨料填充效应"，使水泥石及混凝土内部空隙率明显降低，有害孔数量大大减少，形成更实密的微观结构。在粉煤灰单独超细粉磨过程中，由于机械力活化作用破坏了 SiO_2 玻璃体结构，比表面积的不断增加，使粉煤灰粒径不断缩小，粉煤灰需水量比逐渐减小，活性指数显著增加。随着粉磨时间的延长，内部微观结构晶格缺陷与畸变程度大幅度增多，颗粒比表面积逐渐增大，进一步提高了粉煤灰水化反应活性，以物理方法激发粉煤灰的火山灰效应，明显加快了水化反应速度。此外，掺有超细粉煤灰的水泥或混凝土由于超细粉煤灰的分散状态良好，作为高活性矿物掺合料，其所含的球形玻璃体在水泥及混凝土中产生"轴承效应"，可起到一定的物理减水的作用，增加水泥与混凝土的流动性。图 4-1 为不同粉磨工艺下的超细粉煤灰在扫描电镜下的微观图片，由图 4-1 可以看出，粉煤灰的微观结构为"球包球"形，通过粉磨等物理手段可以破坏其外部结构，使内部微珠释放出来，这部分微珠具有极佳的流动性，可迅速填充到水泥孔隙中，改善水泥浆体流动性。

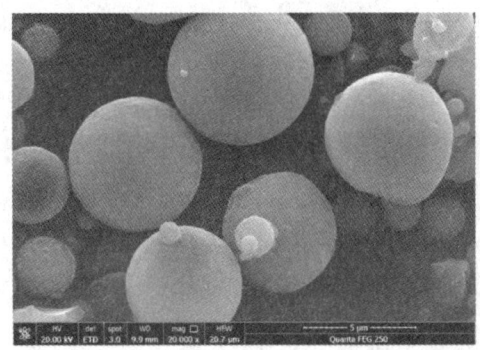

图 4-1 超细粉煤灰 SEM 图片

（4）超细石灰石粉

将石灰石单独粉磨至比表面积 $700m^2/kg$，超细石灰石粉含有大量 $10\mu m$ 以下的颗粒，掺入水泥后可以明显改善水泥的颗粒群分布，使水泥颗粒空隙率降低，增加了水泥石的密实度，从而提高水泥的强度。掺入水泥的石灰石颗粒在水泥水化过程中可以起到晶核作用，加速 C-S-H 凝胶的生成。

（5）低成本固废微粉（当地红砖粉、混凝土粉、炉渣粉、尾矿微粉）

结合当地的基础材料，优选出成本低、性能优异的原材料（如红砖粉、混凝土粉、炉渣等）将其粉磨至比表面积 $700m^2/kg$，此时各原料性能得到极大改善，掺入低碳水泥中能有效降低整体成本。

4.3 试验研究

4.3.1 不同固废掺量下的低碳水泥性能研究

（1）原材料

P·O 52.5 水泥性能指标见表 4-2。

表 4-2　P·O 52.5 水泥主要性能指标

标稠用水量（%）	比表面积（m²/kg）	密度（kg/m³）	初凝时间（min）	终凝时间（min）	抗压强度（MPa）		抗折强度（MPa）		安定性（试饼法）
					3d	28d	3d	28d	
26	410	3.10	165	247	35.2	58.5	8.5	10	合格

硅铝基胶：低成本固废微粉，由矿粉、粉煤灰及石灰石粉组成，因其主要化学成分是 SiO_2 和 Al_2O_3，因此简称为硅铝基胶。本试验中基本配比如下：700m²/kg 矿粉 45%＋700m²/kg 粉煤灰 45%＋700m²/kg 石灰石粉 10%。其中矿粉主要用于提高低碳水泥早期强度，粉煤灰用来改善低碳水泥流动性，石灰石粉作为晶核用以诱导水泥凝胶生成。以上三种固废原料共同组成硅铝基胶，共同在低碳水泥中发挥作用。其中粉煤灰为Ⅱ级灰，需水比为 98%，矿粉为 S95 矿粉，流动度比 96%。

高超微粉：1300m²/kg 矿粉（将 S95 矿粉超细粉磨至比表面积 1300m²/kg），此时矿粉活性指数达到 105%～130%。

（2）试验配比

固定 P·O 52.5 水泥与高超微粉用量，在此基础上改变硅铝基胶比例，并加入不同种类的激发剂，提高其早期强度。

激发剂：本试验所用激发剂为脱硫石膏及碳酸钠，脱硫石膏为电厂脱硫所得，目前燃煤电厂最常用的湿法脱硫方法为石灰石-石膏法脱硫工艺，其主要采用廉价易得的石灰石作为脱硫吸收剂，石灰石经破碎磨细成粉状与水混合搅拌制成吸收浆液，与烟气中的 SO_2 发生反应生成亚硫酸钙（$CaSO_3 \cdot \frac{1}{2}H_2O$），然后通入大量空气强制将亚硫酸钙氧化成二水硫酸钙（$CaSO_4 \cdot 2H_2O$）。二水硫酸钙中的硫酸根离子可以与硅铝基胶中 SiO_2 和 Al_2O_3 发生反应，生成更加致密的水化产物。

本试验所用碳酸钠，又称苏打粉，是指 Na_2CO_3 含量在 99% 以上的白色粉状或颗粒状的物质。通常的工业标准用 Na_2O 的摩尔分数来表示，如 58% 的苏打粉是指其 Na_2O 的摩尔分数为 58%。根据苏打粉的表观密度、颗粒尺寸和颗粒大小等物理特性，它可分为轻质和密实苏打粉两种。轻质苏打粉的表观密度在 510～620kg/m³ 之间，它是通过煅烧从碳化塔或真空结晶容器中收集的碳酸氢三钠而生产得到的。密实苏打粉的表观密度为960~1060kg/m³，它是通过水解轻质苏打粉，然后通过煅烧脱水来生产的。轻质和密实苏打粉的其他物理和化学特性都相同。

本试验中1A~6A组脱硫石膏取硅铝基胶的5％，1B~6B组碳酸钠占硅铝基胶的3％。试验规划及试验结果见表4-3~表4-5。

表4-3 不同硅铝基胶掺量下的低碳水泥试验规划

序号	P·O 52.5水泥	硅铝基胶 (700m²/kg)	激发剂（占硅铝基胶比例）		高超微粉 (1300m²/kg)
			脱硫石膏	碳酸钠	
1	90	0	0	0	10
1A	90	10			10
2A	90	20			10
3A	90	30	5％	—	10
4A	90	40			10
5A	90	50			10
6A	90	60			10
1B	90	10			10
2B	90	20			10
3B	90	30	—	3％	10
4B	90	40			10
5B	90	50			10
6B	90	60			10

表4-4 不同硅铝基胶掺量下的低碳水泥试验配比表

序号	P·O 52.5 水泥/g	硅铝基胶/g (700m²/kg)	激发剂		高超微粉/g (1300m²/kg)
			脱硫石膏（g）	碳酸钠（g）	
1	405	0	0	0	45
1A	368.2	40.9	2.05		40.9
2A	337.5	75	3.75		37.5
3A	311.5	103.9	5.19	—	34.6
4A	289.3	128.6	6.43		32.1
5A	270	150	7.50		30.0
6A	253.1	168.8	8.44		28.1
1B	368.2	40.9		1.23	40.9
2B	337.5	75		2.25	37.5
3B	311.5	103.9	—	3.11	34.6
4B	289.3	128.6		3.86	32.1
5B	270	150		4.50	30.0
6B	253.1	168.8		5.06	28.1

注：以1A为例，P·O 52.5水泥用量为450×90/(90+10+10)=368.2g，硅铝基胶用量为450×10/(90+10+10)=40.91g，高超微粉用量为450×10/(90+10+10)=40.91g，脱硫石膏外掺，用量为40.91×5％=2.05g。

表 4-5 不同硅铝基胶掺量下的低碳水泥抗压强度

序号	P·O 52.5 水泥	硅铝基胶 (700m²/kg)	激发剂（占硅铝基胶）		高超微粉 (1300m²/kg)	3d 强度 (MPa)	7d 强度 (MPa)	28d 强度 (MPa)
			脱硫石膏	碳酸钠				
1	90	—	—	—	10	30.78	37.63	47.29
1A	90	10	5%	—	10	32.50	39.52	49.4
2A	90	20	5%	—	10	31.63	38.46	48.08
3A	90	30	5%	—	10	31.05	37.76	47.20
4A	90	40	5%	—	10	30.39	36.95	46.19
5A	90	50	5%	—	10	29.53	35.91	44.89
6A	90	60	5%	—	10	28.56	34.73	43.41
1B	90	10	—	3%	10	34.26	41.66	52.07
2B	90	20	—	3%	10	32.73	39.80	49.75
3B	90	30	—	3%	10	31.13	37.85	47.32
4B	90	40	—	3%	10	30.62	37.23	46.54
5B	90	50	—	3%	10	29.12	35.41	44.26
6B	90	60	—	3%	10	28.87	35.11	43.88

（3）试验结论

其中利用以上原材料配制的低碳水泥基本性能如下：

需水量：标准稠度用水量为 16%～20%；

水化热：比通用硅酸盐水泥的水化热 3d 低 20%～25%，7d 低 10%～15%；

收缩：<0.01%；

强度：如表 4-5 所示，28d 抗压强度在 40～50MPa 之间；

凝结时间：初凝 4～7h，终凝 6～9h。

由表 4-5 可知：

① 与水泥基准组对照，P·O 52.5 水泥与矿粉固定比例 90:10，其中掺入硅铝基胶 10、20、30、40、50、60 并掺入激发剂提高早期强度，试件抗压强度随着硅铝基胶掺入量的增加强度不断下降，但仍与 P·O 42.5 水泥基准组强度整体持平。

② 两种激发剂比较：在相同配比条件下，硅铝基胶掺量较低时（小于 40）碳酸钠激发低碳水泥强度较脱硫石膏激发高；硅铝基胶掺量较高时（大于 40）脱硫石膏激发低碳水泥强度较碳酸钠激发高；整体来看碳酸钠激发低碳水泥效果优于脱硫石膏激发效果。

③ 以上配比制备的低碳水泥性能均能满足 P·O 42.5 水泥对于强度相关技术的要求。

4.3.2 不同超细微粉掺量下的低碳水泥性能研究

（1）试验配比

固定 P·O 52.5 水泥与硅铝基胶用量（7:3、6:4、5:5），改变高超微粉比例

(0、10、15、20),测定低碳水泥抗压强度。

试验规划及试验结果见表 4-6～表 4-8。

表 4-6 超细矿粉复配 P·O 52.5 水泥制备低碳水泥试验规划

序号	组别	P·O 52.5 水泥	硅铝基胶 (700m²/kg)	高超微粉 (1300m²/kg)
1	基准组	100% (P·O 52.5)	0	0
2	基准组	100% (P·O 42.5)	0	0
3	A组	70	30	0
4	A组	70	30	10
5	A组	70	30	15
6	A组	70	30	20
7	B组	60	40	0
8	B组	60	40	10
9	B组	60	40	15
10	B组	60	40	20
11	C组	50	50	0
12	C组	50	50	10
13	C组	50	50	15
14	C组	50	50	20

表 4-7 超细矿粉复配 P·O 52.5 水泥制备低碳水泥试验配比表

序号	组别	P·O 52.5 水泥/g	硅铝基胶/g (700m²/kg)	高超微粉/g (1300m²/kg)
1	基准组	450	0	0
2	基准组	450	0	0
3	A组	315.0	135.0	0.0
4	A组	286.4	122.7	40.9
5	A组	273.9	117.4	58.7
6	A组	262.5	112.5	75.0
7	B组	270.0	180	0.0
8	B组	245.5	163.6	40.9
9	B组	234.8	156.5	58.7
10	B组	225.0	150	75.0
11	C组	225.0	225	0.0
12	C组	204.6	204.5	40.9
13	C组	195.7	195.6	58.7
14	C组	187.5	187.5	75.0

注:以 4 组为例,P·O 525 水泥用量为 450×70/(70+30+10)=286.4g,硅铝基胶用量为 450×30/(70+30+10)=122.7g,高超微粉用量为 450×10/(70+30+10)=40.9g。

表 4-8 超细矿粉复配 P·O 52.5 水泥制备低碳水泥试验结果

序号	组别	P·O 52.5 水泥	硅铝基胶 (700m²/kg)	高超微粉 (1300m²/kg)	3d 强度 MPa	7d 强度 MPa	28d 强度 MPa
1	基准组	100% (P·O 52.5)	0	0	36.08	38.55	55.29
2	基准组	100% (P·O 42.5)	0	0	30.78	34.88	44.29
3	A组	70	30	0	28.30	36.60	45.20
4	A组	70	30	10	29.08	37.19	45.54
5	A组	70	30	15	28.98	37.3	45.05
6	A组	70	30	20	27.39	36.17	42.63
7	B组	60	40	0	26.42	34.97	42.27
8	B组	60	40	10	27.97	35.78	44.76
9	B组	60	40	15	25.57	33.61	40.91
10	B组	60	40	20	24.11	33.34	38.58
11	C组	50	50	0	25.65	31.62	40.78
12	C组	50	50	10	24.83	34.09	40.38
13	C组	50	50	15	23.06	33.53	39.84
14	C组	50	50	20	23	31.03	38.34

（2）试验结论

其中利用以上原材料配制的低碳水泥基本性能如下：

需水量：标准稠度用水量为 18%～22%；

水化热：比通用硅酸盐水泥的水化热 3d 低 20%～25%，7d 低 10%～15%；

收缩：<0.01%；

强度：28d 抗压强度在 40～50MPa 之间；

凝结时间：初凝 4～7h，终凝 6～9h。

由表 4-8 可知：

① 固定 P·O 52.5 水泥与硅铝基胶比例，增加超细矿粉比例（0、10、15、20），试块抗压强度与 P·O 42.5 水泥相比，强度有所降低，但降低幅度不大。

② 其中 A 组（P·O 52.5 水泥与硅铝基胶比例为 7:3）、B 组（P·O 52.5 水泥与硅铝基胶比例为 6:4），此时随着超细矿粉掺量的增加，其抗压强度先增加后降低，在掺量为 10 时强度最高；C 组（P·O 52.5 水泥与硅铝基胶比例为 5:5），此时随着超细矿粉掺量的增加，其抗压强度逐渐降低，考虑此时硅铝基胶中已经含有大量微粉，比例已接近饱和，过量掺入，导致强度因熟料比例降低而降低。

4.3.3 利用低碳水泥配制混凝土试验研究

1. 原材料

（1）胶凝材料

P·O 52.5 水泥的主要性能指标见表 4-2。

(2) 骨料

细骨料由天然砂和机制砂组成，天然砂细度模数为1.5，含泥量1.0%，机制砂为石灰质砂，细度模数为2.7，含粉12%，M_B值为1.5。

天然碎石颗粒粒径为5～25mm，连续级配，压碎指标为8.0，无泥块；再生粗骨料由C30混凝土试块经破碎、筛选而成，去除表面附带石粉，粒径为5～25mm。

(3) 外加剂

采用聚羧酸外加剂，含固12%，减水率21%。

2. 试验方法

混凝土工作性能参考《普通混凝土拌和物性能试验方法标准》(GB/T 50080—2016)。混凝土抗压强度按照《普通混凝土拌和物性能试验方法标准》(GB/T 50080—2016) 成型100mm×100mm×100mm混凝土试件，常温养护24h拆模，测试混凝土指定龄期的抗压强度。

混凝土设计强度为C30，选定一个基础配合比为$m_{co}=426$kg/m³，$m_{wo}=170$kg/m³，$m_{so}=832$kg/m³，$m_{go}=1000$kg/m³，聚羧酸高效减水剂$=9.2$kg/m³，在此基础上用低碳水泥全部取代普通P·O 42.5水泥，砂率及用水量保持不变。控制低碳水泥总量不变，改变低碳水泥配比制备混凝土。其中，固定高超微粉掺量为10%，不断改变P·O 52.5水泥与硅铝基胶之间的比例 (70∶20、65∶25、60∶30、55∶35、50∶40)，混凝土试验方案及试验结果见表4-9～表4-11。

表4-9 低碳水泥制备C30混凝土试验规划

序号	P·O 52.5 水泥	硅铝基胶 (700m²/kg)	高超微粉 (1300m²/kg)
A1	70	20	10
A2	65	25	10
A3	60	30	10
A4	55	35	10
A5	50	40	10

表4-10 低碳水泥制备C30混凝土试验配比

序号	P·O 42.5 水泥 (kg/m³)	P·O 52.5 水泥 (kg/m³)	硅铝基胶 (kg/m³)	高超微粉 (kg/m³)	砂子 (kg/m³)	石子 (kg/m³)
A0	426	—	—	—	823	1000
A1	—	298.2	85.2	42.6	823	1000
A2	—	276.9	106.5	42.6	823	1000
A3	—	255.6	127.8	42.6	823	1000
A4	—	234.3	149.1	42.6	823	1000
A5	—	213	170.4	42.6	823	1000

表 4-11　低碳水泥制备 C30 混凝土试验结果

序号	P·O 42.5 水泥	P·O 52.5 水泥	硅铝基胶 (700m²/kg)	高超微粉 (1300m²/kg)	3d抗压强度 (MPa)	7d抗压强度 (MPa)	28d抗压强度 (MPa)
A0	100	—	—	—	23.36	26.82	35.44
A1	—	70	20	10	26.84	31.56	42.25
A2	—	65	25	10	25.16	29.13	41.89
A3	—	60	30	10	24.72	28.70	41.02
A4	—	55	35	10	24.12	27.38	39.67
A5	—	50	40	10	23.69	26.45	36.71

由表 4-11 可知，其中 A0 为利用 P·O 42.5 水泥制备的 C30 混凝土，其中 3d 抗压强度为 23.36MPa，7d 抗压强度为 26.82MPa，28d 抗压强度为 35.44MPa；利用 P·O 52.5 水泥复配硅铝基胶与高超微粉充分均化所得的低碳水泥配制混凝土时，固定高超微粉用量不变，不断改变 P·O 52.5 与硅铝基胶之间的比例，其中 3d 抗压强度最大为 26.84MPa，7d 抗压强度最大为 31.56MPa，28d 抗压强度最大为 42.25MPa，随着 P·O 52.5 水泥用量的减少，混凝土不同龄期抗压强度逐渐下降，直到 P·O 52.5 掺量为 50% 时强度最低，但仍与利用 P·O 42.5 的基准组强度持平。在混凝土相关配比中加入分别粉磨所得的硅铝基胶与高超微粉，可以与水泥水化产物产生二次反应，由于粉体粒径较小，反应更加充分，水化产物更加致密，更有利于提高混凝土制品的后期强度及耐久性能。

4.4　工艺特点

(1) 分别粉磨配制低碳水泥的技术特点

① 采用分别粉磨途径，单独对混合材超细粉磨，再与高强度等级水泥精准配制并充分均化，在大幅度提高水泥强度的前提下，比传统混合粉磨的水泥减少熟料用量 5%~10%。

② 如①配制的水泥均匀性良好、质量稳定，强度等指标的标准偏差小。

③ 如①此配制的水泥能优化粒径组成分布，提高水泥颗粒堆积密度，降低标准稠度与需水量，与混凝土外加剂适应性好。

④ 深受混凝土用户欢迎，为降低单方混凝土水泥用量创造条件。

⑤ 能综合利用各种低成本建筑及工业固废，低碳减排，符合国家可持续发展的方针政策。

(2) 实施分别粉磨的必要条件

要想分别粉磨工艺能实现，产品中各组分同时处于最适宜粒径范围，必须要遵循如下的具体实施条件：

① 需要多条适应各自组成的粉磨工艺线。

按配料中不同组分的易磨性及在产品中的不同作用，设计出符合各自粒径范围要求的粉磨装备，并通过灵活地并联或串联，组成总的粉磨工艺线，最后混合为产品。该流程的难度在于尚没有现成的模式可以模仿，需要投入精力研发，这也正是分别粉磨的核心技术。

② 必须配备在线粒径分析仪。

分别粉磨成功应用的要点在于能否对粒径范围实施准确控制，因此生产线必须使用在线粒径分析仪指导控制产品粒径，而不能只依靠比表面积与筛余的离线检测。凡是尝试分别粉磨技术尚无成果者，首先是没有使用在线粒径分析仪或是已获得分别粉磨效益者，如果有在线粒径分析仪的指导助阵，效果一定会更好。

③ 需要增加数个半成品库及效率高的混料机，将分别粉磨的产品通过最后的高效搅拌混合均匀后再送入成品库。

④ 为防止存库与倒库出现物料的黏库、棚库等出料不畅的情况，可在库内应用太极锥技术，确保出料正常。

（3）低碳水泥利润点分析

① 淡季与旺季水泥、超细矿粉、超细粉煤灰、低成本固废微粉等价差；地区之间水泥价差。

② 超细矿粉、超细粉煤灰、低成本固废微粉掺入纯水泥熟料或高强度水泥，生产出42.5、42.5R等强度等级水泥，相当于混合材卖出水泥的售价。经测算，在项目销售达到预期销量时，项目回收期短，利润可观。

③ 低碳水泥工厂可单独上线，也可在搅拌站内部与现有生产工艺、生产设备结合，其占地小、投资低、布置灵活，便于近港口布局，在不新增产能的前提下，有效地满足了各地水泥市场的需求；

4.5 效益分析

4.5.1 环境效益与社会效益

鉴于水泥生产的能耗和对环境造成的污染以及传统混凝土凝结的现状，吴中伟院士曾提出生产绿色混凝土的倡议。绿色代表生命、和平和安全。吴中伟院士对绿色的定义是：①节约资源、能源。②不破坏环境，更有利于环境。③既满足当代人的需求，又保证人类后代能健康、幸福地生存下去。

本产品是以水泥熟料、超细粉煤灰、超细矿粉、低值固废微粉为主要原材料，经分别粉磨、精确计量、充分均化而制成的。由于熟料用量减少二分之一，并使用以工业废弃物为主的矿物掺合料，不仅可减少水泥生产向大气排放的CO_2，节省煤和天然资源，而且可大量消耗工业废料。由于利用低碳水泥制备的高性能混凝土具备可靠的耐久性，还可以减少由于毁坏的混凝土拆除而造成的垃圾，因此本产品应当是绿色新型胶凝材料。

用本产品配制高性能混凝土，简化了近年高性能混凝土生产的六大组分必备的复杂系统，有利于施工单位的现场施工和现场质量控制、低碳水泥的推广和应用，是混凝土可持续发展的一个途径，具有显著的环境效益和社会效益。

4.5.2 经济效益

本节以某地年产 100 万 m³C30 混凝土搅拌站为例进行成本效益分析。

该地区各原料价位调研见表 4-12（本价位调研基于 2021 年下半年华中区域水泥及其他原材价格，不同地域间价位有所差别，仅供参考）。

表 4-12 华中某地区原材料价位表

原材料	价格（元/t）	备注
水渣（含水 10%）	155	到厂价
S95 矿粉	375	到厂价
S75 矿粉	275	到厂价
粉煤灰（湿排）	40	到厂价
粉煤灰原灰	100	到厂价
粉煤灰二级灰	150	到厂价
P·O 42.5 水泥	600	到厂价
P·O 52.5 水泥	630	到厂价
红砖粉	30	到厂价
电价	0.85 元/kW·h	均价

其中，矿渣粉自磨处理成本 145 元（带烘干预处理），超细矿粉成本为（155/0.9＋45（烘干成本）＋38（粉磨至 400m²/kg）＋44（粉磨至 700m²/kg）＝300 元）。

其中原灰自磨成本 50 元，超细粉煤灰成本 150 元；

其中红砖粉成本 30 元，超细红砖粉成本 80 元；

按每 1m³ 混凝土使用 350kg 胶凝材料进行计算，其中低碳水泥体系中 50% 使用 P·O 52.5 水泥，50% 使用超细固废微粉，具体效益分析见表 4-13 及表 4-14。

表 4-13 低碳再生水泥配制 C30 混凝土效益分析

规格	原胶凝材料		
	P·O 42.5 水泥	S75 矿粉	二级粉煤灰
比例	70%	15%	15%
配合比（kg/m³）	250	50	50
单价（元/t）	600	275	150
成本（元/m³）	150	13.75	7.5
总成本（元/m³）	171.25		

续表

	低碳再生水泥			
规格	P·O 52.5水泥	矿渣粉自磨	原灰自磨	石粉自磨
比例	50%	20%	20%	10%
配合比（kg/m³）	175	70	70	35
单价（元/t）	630	300	150	80
成本（元/m³）	110.25	21	10.5	2.8
总成本（元/m³）	144.55			

由上表可知，每 $1m^3$ 混凝土可节省成本 $171.25-144.55=26.7$ 元，

以年产 100 万 m^3 混凝土计算，年经济效益：$26.7×100=2670$ 万元。使用低碳水泥 35 万 t。

表 4-14　低碳再生水泥与 P·O 42.5 水泥成本对比分析

	低碳再生水泥			
规格	P·O 52.5水泥	矿渣粉自磨	原灰自磨	石粉自磨
比例	50%	20%	20%	10%
单价（元/t）	630	300	150	80
成本（元/t）	315	60	30	8
总成本（元/t）	413			

建议销售价 520 元/t。

由上表可知，每吨低碳水泥利润为：$520-413=107$ 元，以外销 10 万 t 低碳水泥计算，年经济效益：$107×10=1070$ 万元。

因水泥价格各地域各时期有所差异，因此当水泥价格波动时，经济效益随之发生改变。

参考文献

[1] 丁美荣. 水泥行业碳减排实施途径的思考 [J]. 水泥技术，2021（6）：27-31.

[2] 田桂萍. 国内外水泥粉磨技术进展 [C] //2015 第七届国内外水泥粉磨新技术交流大会暨展览会论文集. 2015：259-304.

[3] 张大康. 分别粉磨工艺的水泥性能 [C] //2009 国内外水泥粉磨新技术交流大会论文集. 2009：46-56.

[4] 邹伟斌. 论水泥的分别粉磨与配制技术 [J]. 新世纪水泥导报，2021，27（3）：50-58.

[5] 国家市场监督管理总局，国家标准化管理委员会. 水泥胶砂强度检验方法（ISO 法）：GB/T 17671—2021 [S]. 北京：中国标准出版社，2021：12.

[6] 周宏建，许谆. 海南某配制水泥及海工掺合料项目设计要点 [J]. 水泥工程，2020（3）：32+39.

[7] 朱效荣，赵志强. 智能＋绿色高性能混凝土 [M]. 北京：中国建材工业出版社，2018.

[8] 林宗寿. 水泥"优化粉磨"技术与应用 [J]. 新世纪水泥导报，2019，25（3）：26-32+6.

[9] 田力. 浅谈水泥分别粉磨技术的应用 [J]. 四川水泥, 2015 (2): 9-11.

[10] 孙明岩, 韩亚平, 贾国林, 等. 采用"分别粉磨"工艺生产水泥的实践 [J]. 新世纪水泥导报, 2011, 17 (1): 38-40.

[11] 姜其斌, 何力, 李文武, 等. 工业废渣超细粉磨以及在水泥生产降本增效中的实际应用 [J]. 水泥, 2017 (5): 19-22.

5 建筑垃圾及工业固废制备超细复合掺合料

5.1 矿物掺合料定义及介绍

矿物掺合料是指在配制混凝土时加入的具有一定细度或活性的用于改善新拌和硬化混凝土性能（特别是混凝土耐久性）的某些矿物类产品。

矿物掺合料的掺量通常大于水泥用量的5%，细度与水泥细度相同或比水泥更细。掺合料与外加剂主要的不同之处在于其参与了水泥的水化过程，对水化产物有所贡献。在配制混凝土时加入较大量的矿物掺合料（硅灰除外），可降低温升，改善工作性能，增进后期强度，并可改善混凝土的内部结构，提高混凝土的耐久性和抗腐蚀能力。尤其是矿物掺合料对碱-骨料反应的抑制作用引起了人们的重视。因此，国外将这种材料视为辅助胶凝材料，已成为高性能混凝土不可缺少的一种组分[1]。

近年来，建筑垃圾及工业固废制备的矿物掺合料在混凝土中的应用技术有了新的进展，尤其是粉煤灰、磨细矿渣粉、混凝土粉、红砖粉等具有良好的活性，对节约水泥、节省能源、改善混凝土性能、扩大混凝土品种、减少环境污染等方面有显著的技术、经济效益和社会效益。磨细矿渣粉及超细粉煤灰可用来生产C100以上的超高强混凝土、超高耐久性混凝土、高抗渗混凝土。虽然水泥中也可以掺入一定数量的混合材，但它对混凝土性能的影响与矿物掺合料对混凝土性能的影响并不完全相同。矿物掺合料的使用给混凝土生产商提供了更多的混凝土性能的调整余地，因此成为与水泥、骨料、外加剂并列的混凝土组成材料。

5.2 再生微粉掺合料试验研究

本节选自李秋义《再生混凝土性能与应用技术》[2]一书。矿物质超细粉是指粒径小于$10\mu m$的矿物质粉体。近年来，矿物质超细粉在高性能混凝土中成为必不可少的第六组分。矿物质超细粉具有自身的优点：

(1) 提高混凝土的工作性。
(2) 提高混凝土的强度。
(3) 提高混凝土的耐久性。

再生粉体经超细化后活性显著提高。超细再生粉体在掺量不高于10%的情况下，其胶砂3d和7d的强度比高于超细矿粉和硅灰。这表明超细再生粉体具有早强作用，如果作为矿物掺合料加入混凝土中可能会对混凝土早期强度具有明显的促进作用。再生粉体中含有大量硬化水泥石，它们可能会影响再生粉体的活性，所以本试验将P·Ⅰ52.5硅酸盐水泥净浆放置于沸煮箱中煮沸4h后，利用气流粉碎机将其磨细成平均粒径为6.1μm的超细粉，在混凝土中作为超细矿物掺合料代替水泥，以研究其对混凝土各项性能的影响，并以硅灰和超细矿粉作为对比[3-4]。

5.2.1 试验原材料及方案

水泥：山水牌P·Ⅰ52.5硅酸盐水泥。

再生粉体：取自青岛市华严路某车库废弃混凝土。

超细矿粉：济南钢铁公司生产的粒径D97=6μm的超细矿粉。

硅灰：河南巩义生产的微硅粉，SiO_2含量>92%。

粗骨料：5～31.5mm连续级配的石灰岩碎石，符合《建设用砂》（GB/T 14684—2011）的要求。

细骨料：符合《建设用砂》（GB/T 14684—2011）要求的细度模数为3.1的中砂。

外加剂：江苏博特高效聚羧酸减水剂，掺量与胶凝材料的质量比为1.2%。

水：自来水。

本试验通过调整用水量控制坍落度为160～200mm。

根据前期试验的数据和研究结果，本试验采用P·Ⅰ52.5硅酸盐水泥作为基本胶凝材料；在不同胶凝材料用量下按不同比例掺入超细再生粉体、超细矿粉和硅灰；减水剂掺量为胶凝材料用量的1.2%；调整用水量控制坍落度在160～200mm。试验主要研究再生粉体对混凝土用水量、强度和抗碳化性能的影响。配合设计见表5-1。

表5-1 超细再生粉体混凝土试验配合比设计

水泥（kg/m³）	种类	掺合料用量	取代率（%）	粗骨料（kg/m³）	细骨料（kg/m³）
300	无	0	0	1222	658
285	超细再生粉体	15	5	1222	658
270	超细再生粉体	30	10	1222	658
255	超细再生粉体	45	15	1222	658
285	超细矿粉	15	5	1222	658
270	超细矿粉	30	10	1222	658
255	超细矿粉	45	15	1222	658
285	硅灰	15	5	1222	658
270	硅灰	30	10	1222	658
255	硅灰	45	15	1222	658

续表

水泥 (kg/m³)	种类	掺合料用量	取代率 (%)	粗骨料 (kg/m³)	细骨料 (kg/m³)
285	超细水泥石	15	5	1222	658
270	超细水泥石	30	10	1222	658
255	超细水泥石	45	15	1222	658
400	无	0	0	1190	640
380	超细再生粉体	20	5	1190	640
360	超细再生粉体	40	10	1190	640
340	超细再生粉体	60	15	1190	640
380	超细矿粉	20	5	1190	640
360	超细矿粉	40	10	1190	640
340	超细矿粉	60	15	1190	640
380	硅灰	20	5	1190	640
360	硅灰	40	10	1190	640
340	硅灰	60	15	1190	640
380	超细水泥石	20	5	1190	640
360	超细水泥石	40	10	1190	640
340	超细水泥石	60	15	1190	640
500	无	0	0	1157	623
475	超细再生粉体	25	5	1157	623
450	超细再生粉体	50	10	1157	623
425	超细再生粉体	75	15	1157	623
475	超细矿粉	25	5	1157	623
450	超细矿粉	50	10	1157	623
425	超细矿粉	75	15	1157	623
475	硅灰	25	5	1157	623
450	硅灰	50	10	1157	623
425	硅灰	75	15	1157	623
475	超细水泥石	25	5	1157	623
450	超细水泥石	50	10	1157	623
425	超细水泥石	75	15	1157	623

5.2.2 超细再生粉体混凝土的用水量

从胶砂试验中可知，超细再生粉体会使胶砂的流动度下降，但能够提高胶砂的早期强度。这表明超细再生粉体具有明显的活性。在试验过程中发现，掺入超细再生粉体的混凝土坍落度损失迅速，为减小误差，本试验坍落度的测定均在混凝土停止搅拌的 2min 内测得。

在使用聚羧酸外加剂情况下，超细再生粉体与再生粉体一样，都会对混凝土的用水量产生不利影响。

从图 5-1 中可知，混凝土需水量与超细再生粉体掺量相关性不大，但在实际搅拌过程中会发现掺有超细再生粉体的混凝土具有较明显的触变性，一旦停止搅拌，流动性损失较快，如果再次搅拌，流动性又迅速恢复。这可能与超细再生粉体较大的表面能和颗粒形状有关。

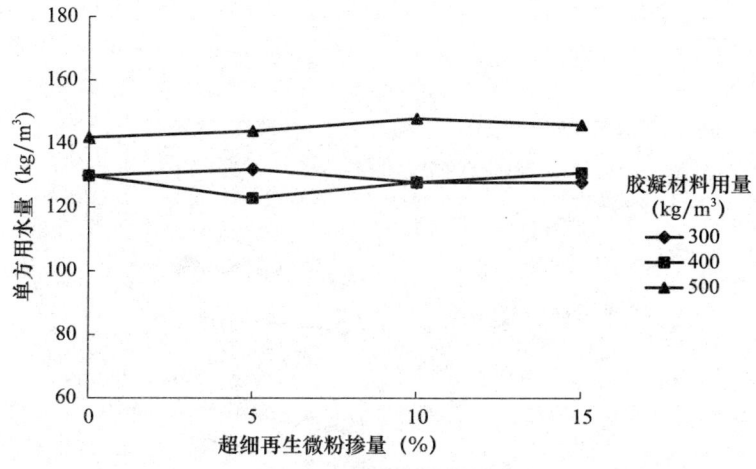

图 5-1 超细再生粉体掺量对混凝土需水量的影响

5.2.3 超细再生粉体混凝土的强度

在使用聚羧酸外加剂情况下，为比较超细再生粉体对混凝土强度的影响，试验结果如图 5-2 所示。

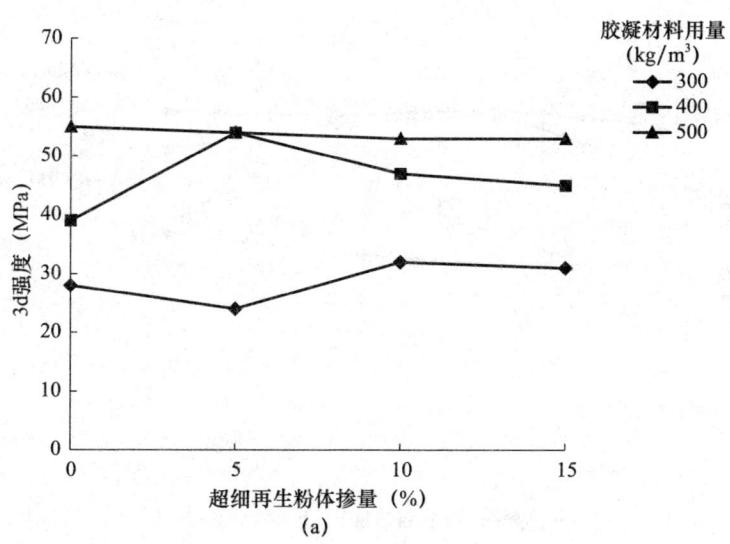

(a)

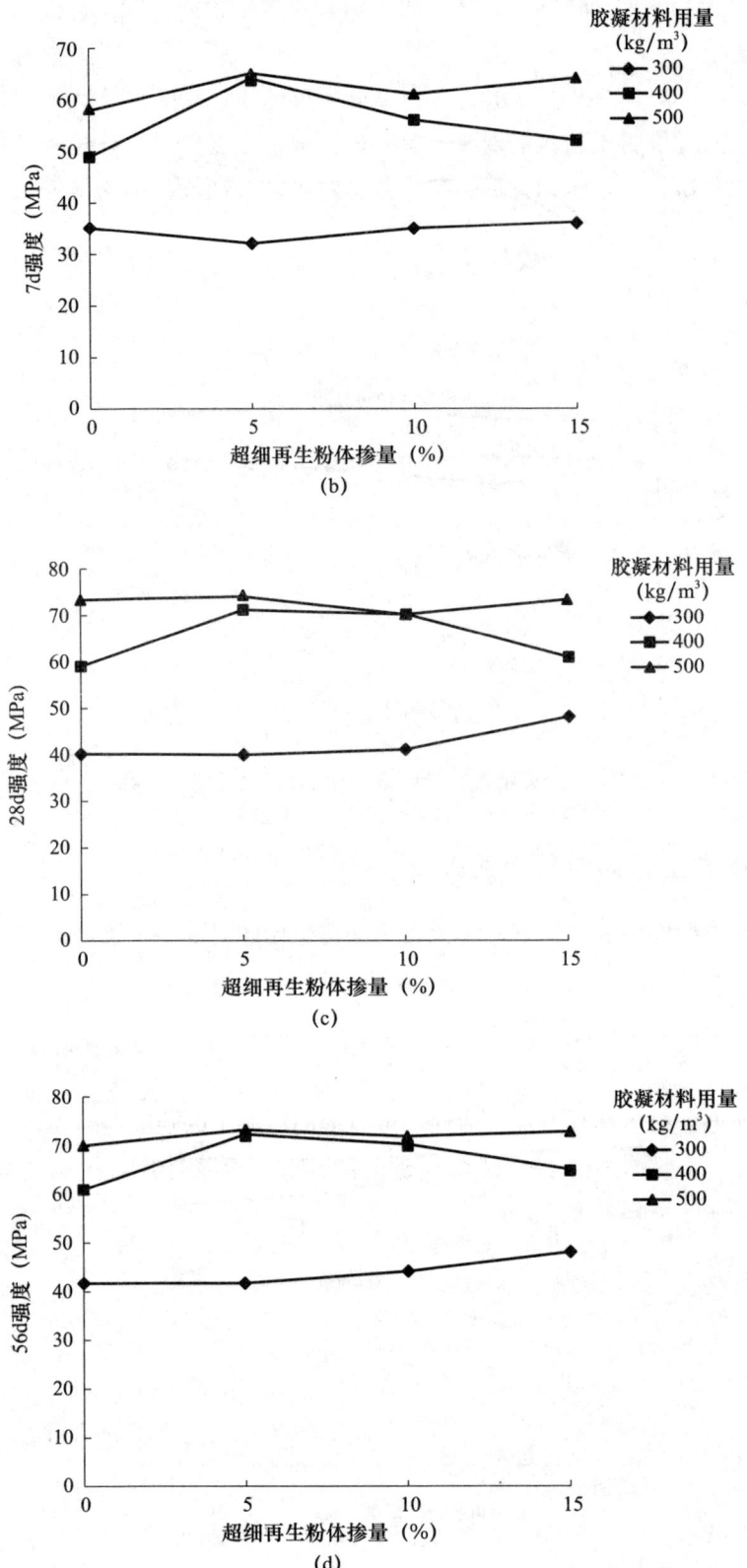

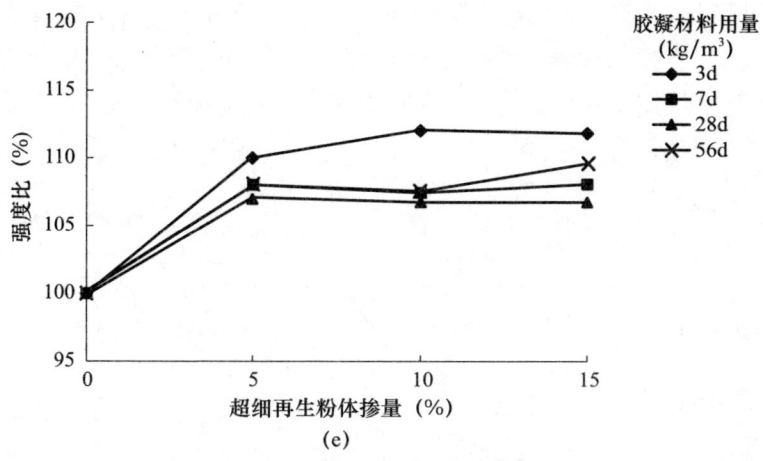

图 5-2 超细再生粉体混凝土强度

(a) 3d 龄期强度；(b) 7d 龄期强度；(c) 28d 龄期强度；
(d) 56d 龄期强度；(e) 超细再生粉体混凝土强度比变化

由图 5-2 可知：

(1) 在所有不同掺量下，混凝土强度比在 3d 达到最高，之后有所下降，但幅度不大。这说明超细再生粉体具有早强作用，并且对混凝土的后期强度发展影响不大。

(2) 从混凝土强度比与超细再生粉体的掺量之间的关系能够发现，在掺量为 5%～15% 的范围内，超细再生粉体掺量与混凝土强度比之间的关系不大。

超细再生粉体混凝土用水量与普通混凝土用水量基本相同，但强度却明显高于普通混凝土。超细再生粉体是由再生粉体经磨细后得到，具有很高的比表面积和表面活性。另外，超细再生粉体平均粒径 6.1μm，可以填充水泥颗粒间的空隙，使混凝土微观结构密实。与再生粉体一样，超细再生粉体中也含有大量水泥石，其中的 C-S-H 凝胶颗粒具有促进水泥水化的作用。

综上可知：

(1) 超细再生粉体具有一定的活性，可以提高混凝土的强度。

(2) 超细再生粉体中的 C-S-H 凝胶颗粒能够起到晶核作用，提高混凝土的早期强度，且对后期强度影响不大。

5.2.4 超细水泥石混凝土的用水量和强度

再生粉体主要由水泥石和砂石骨料的碎屑组成，为研究水泥石在超细再生粉体中的作用，本试验将水泥石磨细至平均粒径 6.1μm 后，作为掺合料加入胶凝材料中制作混凝土，研究其对混凝土用水量、力学和碳化性能的影响。本试验中超细水泥石的 $Ca(OH)_2$ 含量为 117.79mg/g。

(1) 用水量

超细水泥石与超细再生粉体类似，都使混凝土具有明显的触变性，停止搅拌后坍落度损失迅速,但超细水泥石表现得更加明显[5]。所以在测试混凝土坍落度的过程中必须严格控制时间。在搅拌过程中,当用水量达到一定程度后继续加水对混凝土浆体流动度影响很小。图 5-3 显示了超细水泥石掺量和胶凝材料用量对混凝土用水量的影响。

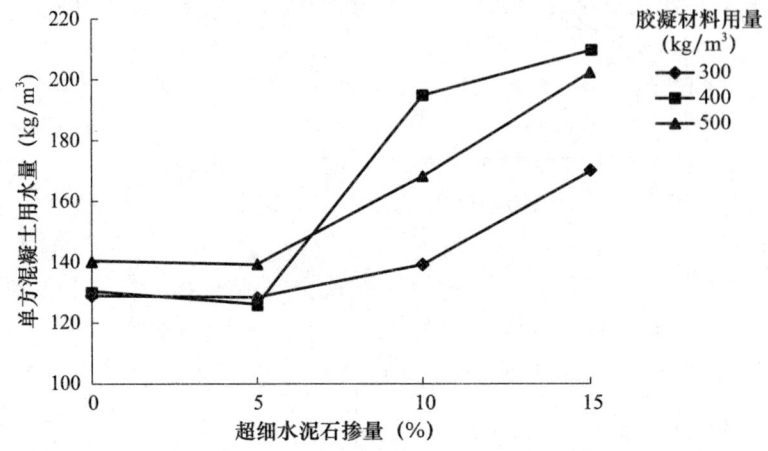

图 5-3　超细水泥石掺量和胶凝材料用量对混凝土用水量的影响

由图 5-3 可知,在超细水泥石掺量不超过 5% 时,混凝土用水量变化不大,但超过 5% 后,混凝土用水量明显增加。这可以说明,超细水泥石的存在是超细再生粉体使混凝土具有触变性的重要原因。据已有的研究证明,水泥石中的 C-S-H 凝胶体比表面积在 2000~3000m²/kg 之间,这直接导致了超细水泥石具有极大的比表面积。另外,超细水泥石颗粒也具有大量连通的孔隙,这使其对水具有很强的吸附能力,从而导致混凝土用水量明显增多。

(2) 强度

相同坍落度条件下,掺有超细水泥石的混凝土强度如图 5-4 所示。

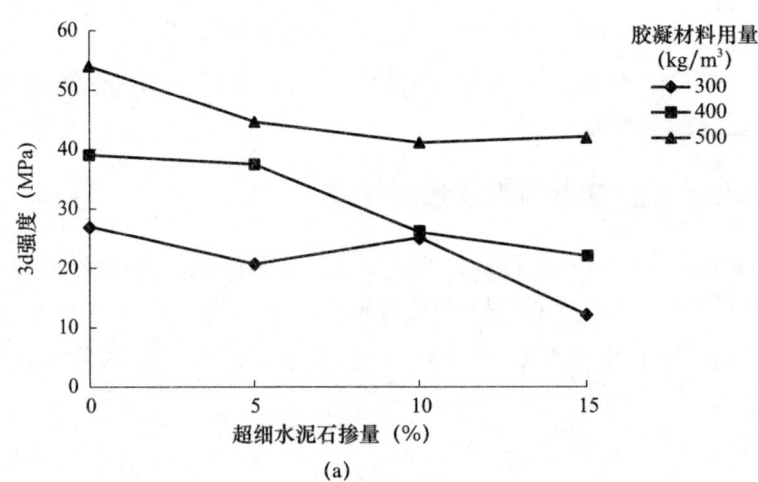

(a)

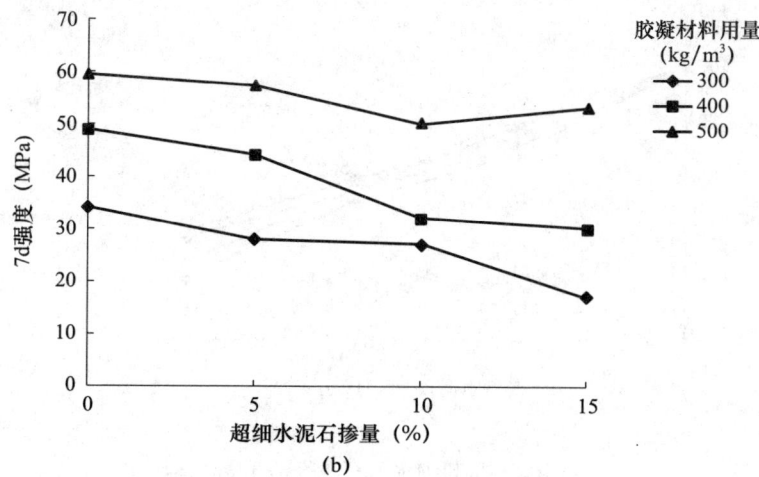

(b)

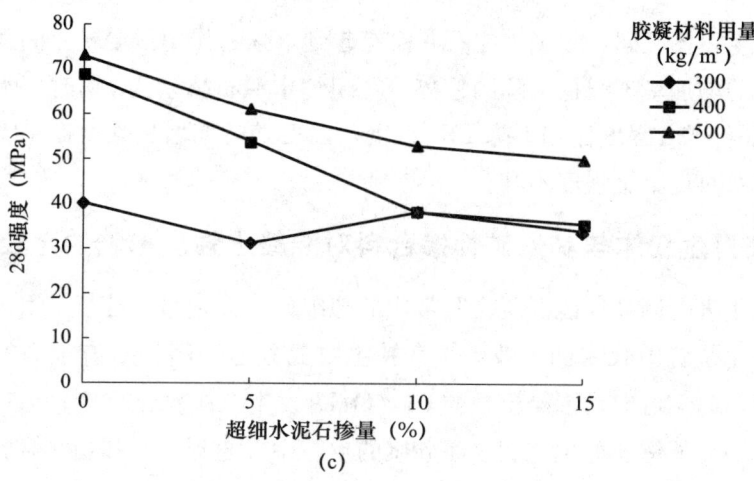

(c)

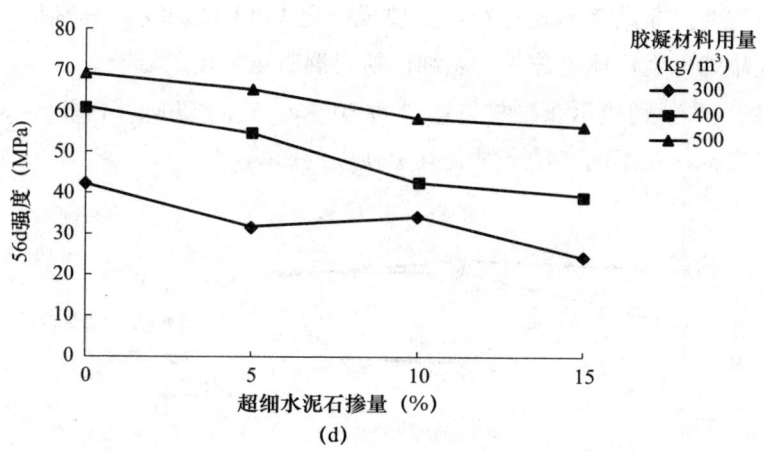

(d)

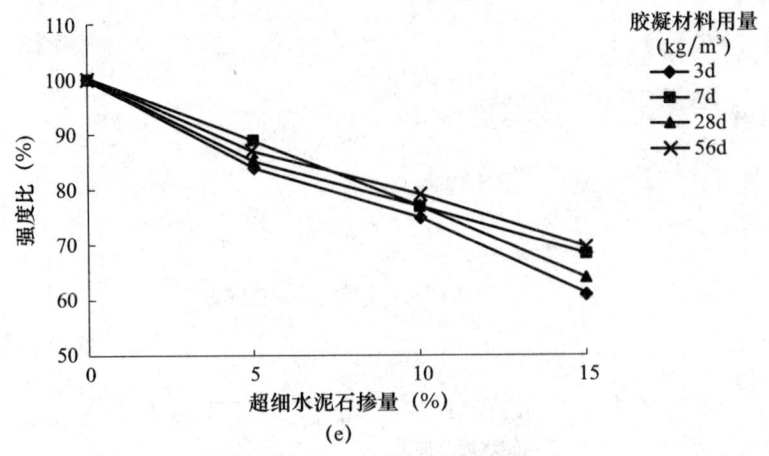

图 5-4 超细水泥石混凝土强度

(a) 3d 龄期强度；(b) 7d 龄期强度；(c) 28d 龄期强度；(d) 56d 龄期强度；(e) 超细水泥石混凝土强度比

与超细再生粉体不同，超细水泥石并没有起到早强的作用。混凝土的强度比随着超细水泥石掺量的增加呈现线性下降的趋势。在超细水泥石掺量为5%时，水胶比没有明显变化，但混凝土3d强度比却下降10%以上，以后随龄期增长强度比基本无变化，这表明超细水泥石对混凝土强度不利。

5.2.5 超细再生粉体与其他矿物掺合料对混凝土强度影响的比较

硅灰是近年来配制高性能混凝土时常用的超细矿物掺合料。硅灰是冶炼硅铁、工业硅时从烟气净化装置中收集的工业烟尘，其主要成分是SiO_2，具有很高的比表面积和活性。一方面，硅灰可以与混凝土中的$Ca(OH)_2$发生二次水化反应；另一方面，由于硅灰的颗粒细小，能够充分填充到水泥砂浆的空隙中，起到填充和细化微孔的作用，所以掺入硅灰能明显地提高混凝土的强度和耐久性。超细矿粉是水淬高炉矿渣经磨细后得到的，其物质主要以非晶态形式存在，主要成分是CaO和SiO_2，具有很高的活性。本试验主要研究超细再生粉体与硅灰、超细矿粉对混凝土强度的影响。

图 5-5～图 5-7 分别表示胶凝材料用量为 300kg/m³、400kg/m³ 和 500kg/m³ 情况下不同种类矿物掺合料在不同掺量下对混凝土强度的影响。

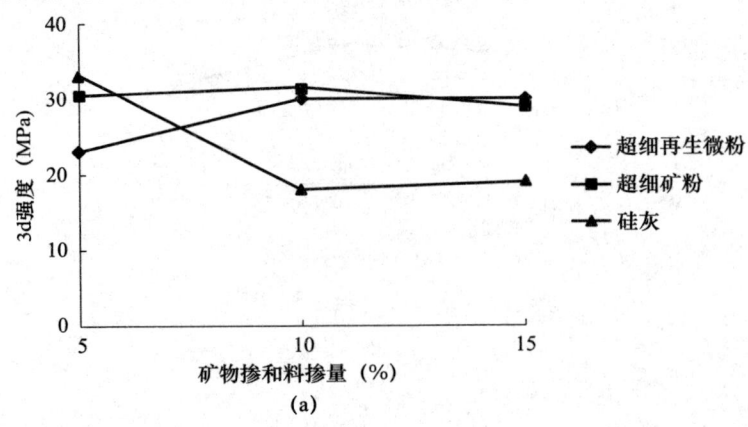

5 建筑垃圾及工业固废制备超细复合掺合料

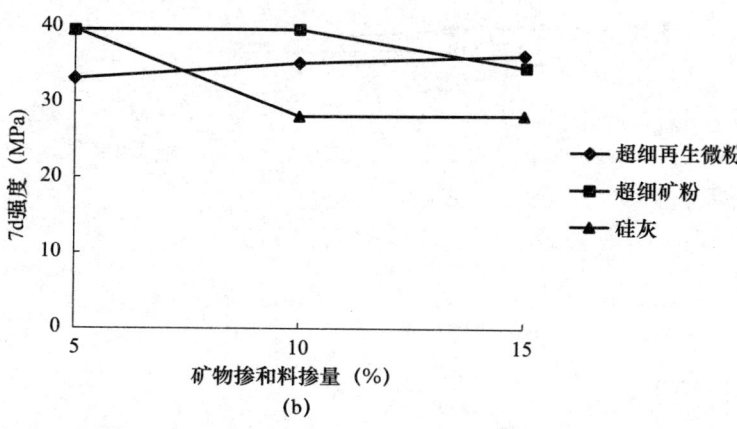

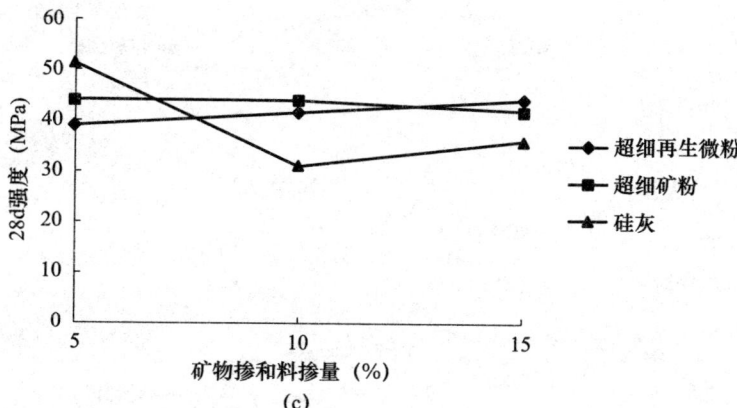

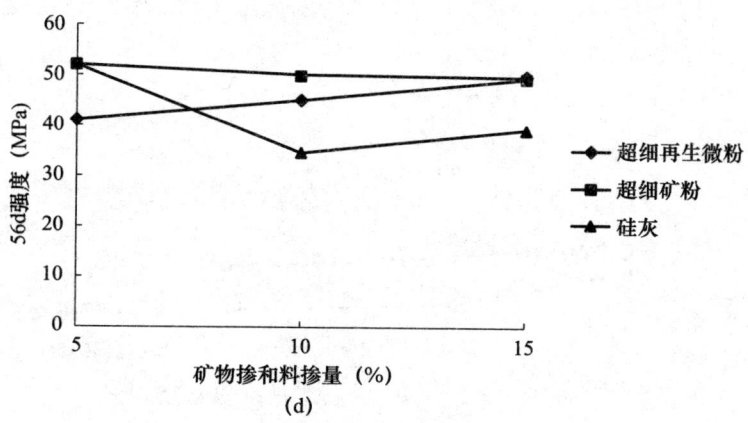

图 5-5 胶凝材料用量为 300kg/m³ 时混凝土强度
(a) 龄期：3d；(b) 龄期：7d；
(c) 龄期：28d；(d) 龄期：56d

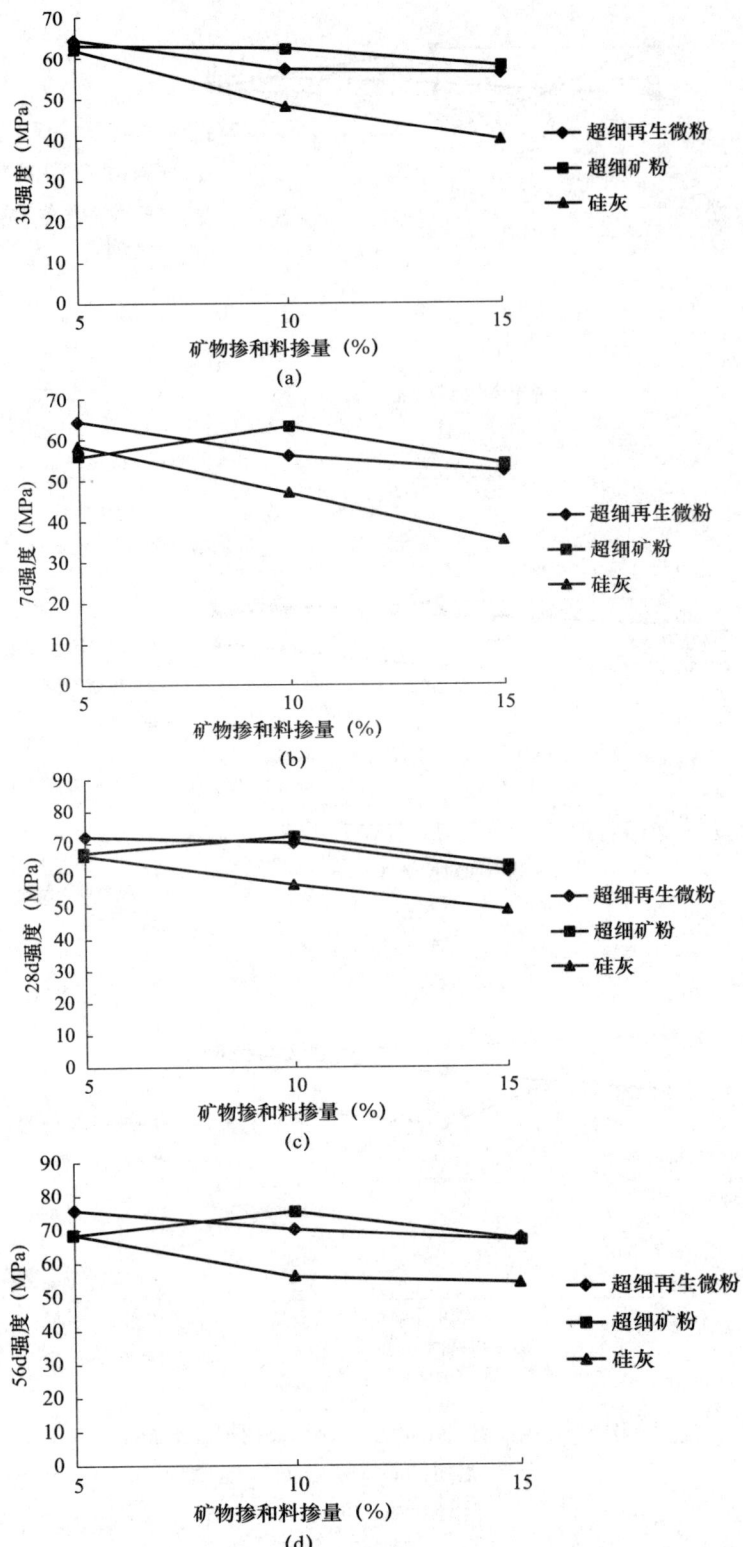

图 5-6 胶凝材料用量为 400kg/m³ 时混凝土强度
(a) 龄期：3d；(b) 龄期：7d；(c) 龄期：28d；(d) 龄期：56d

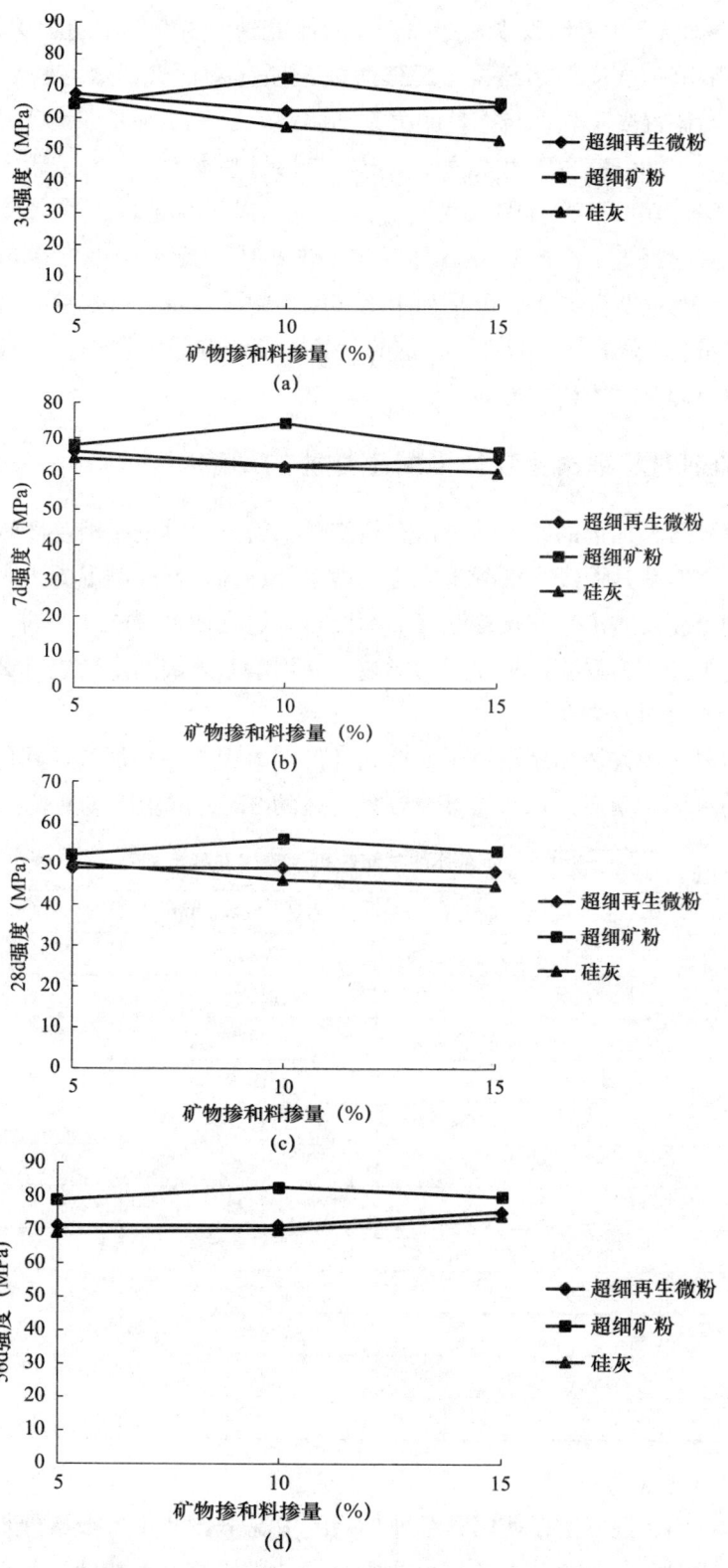

图 5-7 胶凝材料用量为 500kg/m³ 时混凝土强度
(a) 龄期：3d；(b) 龄期：7d；(c) 龄期：28d；(d) 龄期：56d

从图 5-5～图 5-7 中能够发现，超细再生粉体混凝土强度低于超细矿粉混凝土强度，但是高于硅灰混凝土强度。超细再生粉体表现出明显的活性，这与胶砂试验的结果吻合。超细再生粉体混凝土强度与掺量的关系不明显，这说明在掺量为 5%～15%时，超细再生粉体混凝土的强度主要由水胶比决定，与掺量基本无关。本试验中，超细矿粉表现出良好的性能，在掺量为 15%以内时，混凝土的需水量基本不变，且强度高于超细再生微粉和硅灰混凝土。在掺量为 10%时，超细矿粉混凝土的强度达到最高，明显优于超细再生粉体和硅灰混凝土。由于利用坍落度控制用水量，硅灰混凝土水胶比明显较高。硅灰在掺量为 5%的情况下具有一定的优势，随着掺量的增加，硅灰混凝土强度逐渐下降，主要原因是水胶比的提高。

5.2.6 外加剂对超细再生粉体混凝土性能的影响

在使用聚羧酸外加剂的条件下，掺有超细再生粉体的混凝土坍落度损失迅速。造成这种现象的原因可能是原废弃混凝土中含有萘系外加剂，在配制混凝土时，再生粉体中的萘系外加剂重新溶解出来与聚羧酸外加剂混合，这会使聚羧酸外加剂的减水性能和保塑性能大幅度下降。为排除这种原因的影响，使用萘系外加剂重新进行试验。

（1）试验原材料及方案

本试验混凝土中仅掺加超细再生粉体，外加剂改用萘系外加剂，其他所需材料与本节中所使用的相同。萘系外加剂掺量为胶凝材料的 2%，试验方案见表 5-2。

表 5-2 萘系外加剂超细再生粉体混凝土试验

水泥（kg/m³）	超细再生粉体取代率（%）	粗骨料（kg/m³）	细骨料（kg/m³）
300	0	1222	658
285	5	1222	658
270	10	1222	658
255	15	1222	658
400	0	1222	658
380	5	1222	658
360	10	1222	658
340	15	1222	658
500	0	1222	658
475	5	1222	658
450	10	1190	640
425	15	1190	640

（2）用水量比较

由图 5-8 可知，混凝土在使用萘系外加剂的情况下比使用聚羧酸外加剂用水量平均多 12kg/m³，两种外加剂对混凝土需水量变化规律的影响基本相同，都与超细再生粉体的掺量关系不大。在实际搅拌过程中，使用萘系外加剂的混凝土仍表现出坍落度损失较快的情况,这说明影响混凝土坍落度的是超细再生粉体本身的性质,与外加剂种类无关[6]。

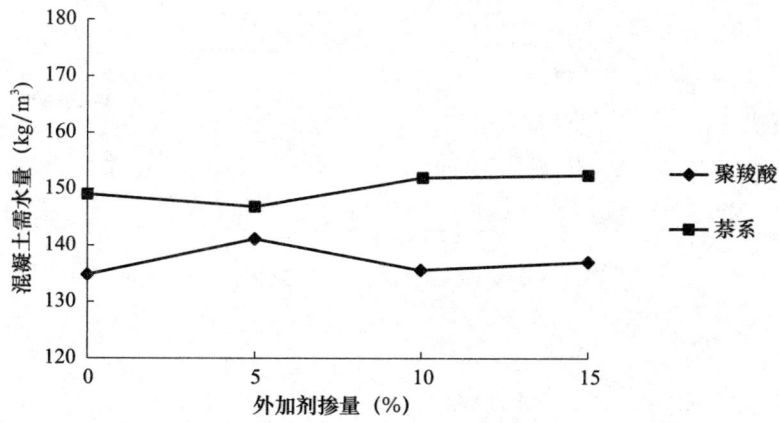

图 5-8　萘系和聚羧酸外加剂掺量与混凝土需水量的关系

(3) 强度比较

两种外加剂对混凝土用水量的影响规律相同,以下分析不同外加剂与混凝土的强度关系。为方便比较,将不同胶凝材料用量下混凝土的强度比进行平均得到图 5-9。

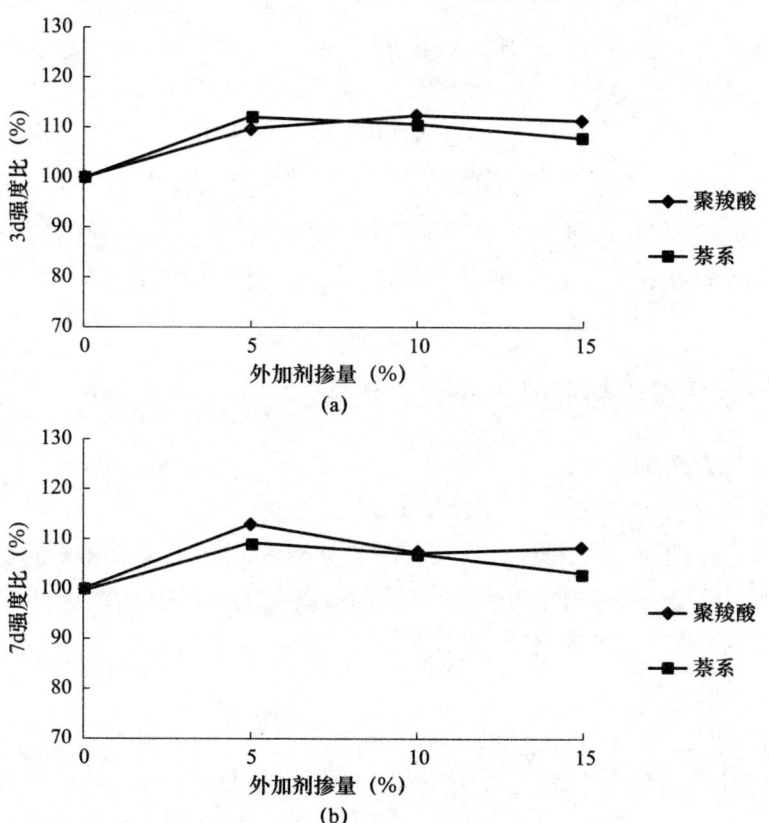

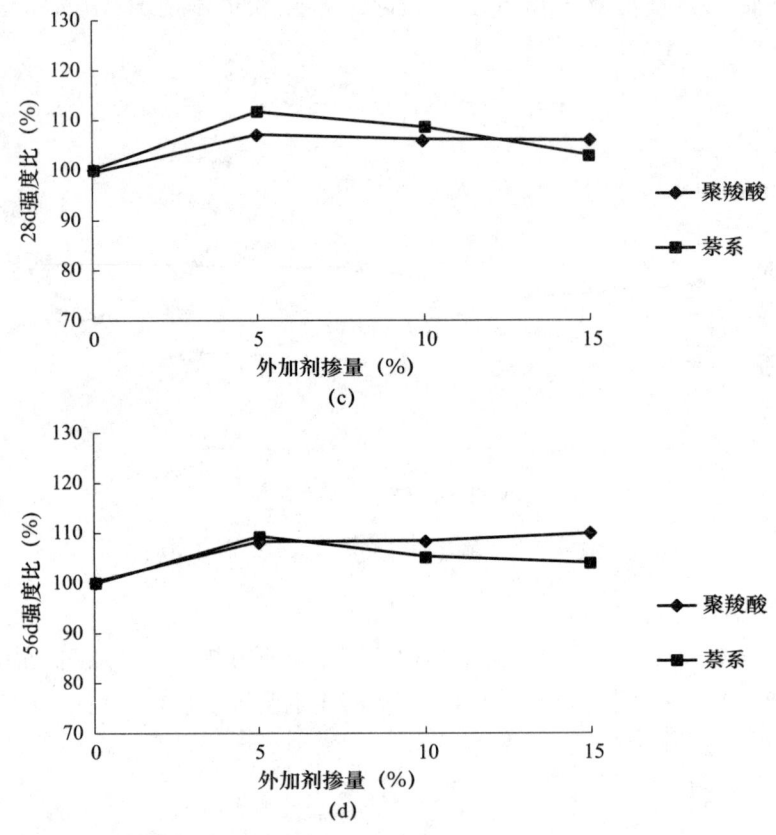

图 5-9 外加剂对混凝土强度的影响
(a) 3d 龄期；(b) 7d 龄期；(c) 28d 龄期；(d) 56d 龄期

由图 5-9 可知，使用两种外加剂的混凝土强度发展规律基本一致，这说明超细再生粉体混凝土的强度主要与水胶比和超细再生粉体自身固有的性质有关，而与外加剂种类无关。

5.2.7 超细矿物掺合料混凝土的碳化性能

（1）试验方法及方案

本试验按照《普通混凝土长期性能和耐久性能试验方法标准》（GB/T 50082—2009）[7]进行，测试超细再生粉体、超细矿粉、硅灰和超细水泥石在不同掺量和胶凝材料用量情况下对混凝土抗碳化性能的影响。调整碳化箱中 CO_2 的浓度在 17%～23%之间；湿度在 65%～75%之间；温度在 15～25℃之间；碳化时间为 120d。

（2）试验结果及分析

试验结果表明：除 LD13 配比的试块，其他混凝土试块混凝土 28d 碳化深度均小于 1mm；120d 碳化深度最大不超过 2mm。LD13 配比的试块 28d、56d 和 120d 的碳化深度分别为 17.5mm、26.0mm 和 34.9mm。其碳化深度发展规律基本与时间的 1/2 次方成正比。这说明超细水泥石在掺量和水胶比均较高的条件下对混凝土的抗碳化性有极其不利的影响。

综上可知：

① 超细再生粉体对混凝土的工作性能有不利影响，主要表现在使混凝土具有明显的触变性，一旦停止搅拌，坍落度损失较快。超细再生粉体具有明显的活性，能够提高混凝土的强度。在掺量为5%时，其效果与硅灰和超细矿粉相近。

② 超细矿粉使混凝土具有良好的工作性和强度，且在掺量超过10%时效果优于硅灰。

③ 硅灰在掺量为5%时，对混凝土用水量影响较小，且有利于混凝土强度的发展，但超过5%后会显著提高混凝土的需水量并降低其强度。

④ 超细水泥石对混凝土的用水量、强度和抗碳化性能均有明显不利影响，不宜作为混凝土掺合料使用。

⑤ 超细再生粉体对混凝土用水量和强度的影响是由其自身性质决定的，与外加剂种类无关。

5.3 超细复合掺合料试验研究

（1）超细复合掺合料原料

超细复合掺合料是由S95超细矿粉、超细粉煤灰和多种再生微粉优化配制而成，具有较高的活性指数，能够显著改善混凝土的力学性能和耐久性能。其主要原料为矿粉、粉煤灰、再生微粉等。

① 粉煤灰是从电厂煤粉炉烟道气体中收集的粉末，是燃煤电厂排出的主要固体废弃物。超细粉煤灰是平均粒径小于$10\mu m$或比表面积大于$600m^2/kg$的粉煤灰，超细粉煤灰一般都是粉煤灰经过分选或超细粉磨而成的。

② 矿渣粉是粒化高炉矿渣粉的简称，是从炼铁高炉中排出的，以硅酸盐和铝硅酸盐为主要成分的熔融物，经淬冷成粒，为粒化高炉矿渣。矿渣再经烘干、磨细（筛选），所得为矿粉。

③ 再生微粉是建筑垃圾转化为再生骨料的过程中产生的粒径小于$75\mu m$的微粉，占原料质量的10%~20%，其主要成分为未水化的部分水泥、硬化水泥石以及砂、石骨料碎屑。再生微粉包括红砖粉、混凝土粉和混合粉，因而具有良好的微骨料填充效应以及火山灰效应。

（2）超细复合掺合料作用

超细复合掺合料在混凝土中的作用主要体现在以下几个方面：

① 形态效应。超细复合掺合料中的超细粉煤灰含有70%以上的玻璃微珠，粒形完整，表面光滑，质地致密。这种形态对混凝土而言无疑能起到减水作用、致密作用和匀质作用，促进初期水泥水化的解絮作用，改变拌和物的流变性质、初始结构以及硬化后

的多种性能,尤其对泵送混凝土能起到良好的润滑作用。

② 微骨料效应。利用超细复合掺合料中的微细颗粒填充到水泥颗粒填充不到的空隙中,混凝土孔结构得到改善,致密性提高,能大幅度提高混凝土的强度和抗渗性能。

③ 化学活性效应。组分中的粉煤灰系人工火山灰质材料,其"活性效应"又称为"火山灰效应"。因粉煤灰中的化学成分中有大量活性 SiO_2 及 Al_2O_3,在潮湿的环境中与 $Ca(OH)_2$ 等碱性物质发生化学反应,生成水化硅酸钙、水化铝酸钙等胶凝物质,对混凝土能起到增强作用且能堵塞其中的毛细孔,增加混凝土的密实度,提高混凝土的耐久性能。而超细矿粉加碱后可以激发其硬化,和硅酸盐水泥混合在一起时,由于 $Ca(OH)_2$ 和硫酸盐的作用,可促进其硬化。

④ 超细复合掺合料的密度小于水泥,等质量的掺合料替代水泥后,浆体体积增加,混凝土和易性得到改善。

⑤ 水化热降低。利用组分中超细矿渣粉的反应特征,水化放热速度降低,具有抑制混凝土温升的效果。

5.3.1 胶砂试验研究

随着混凝土技术的发展,矿粉、粉煤灰等传统矿物掺合料已经从利用工业废渣节约成本变成改善混凝土性能不可或缺的一种组分。本节研究建筑垃圾废砖、废混凝土磨成细粉,分别与超细矿渣粉、超细粉煤灰进行三掺复合;研究和分析其对胶砂和混凝土工作性与强度的影响,为生产中合理控制超细复合掺合料质量提供参考。

(1) 试验原材料

水泥:荥阳上街铝厂生产的 P·O 42.5 水泥,比表面积为 390m^2/kg,标准稠度用水量为 29.3%,实测 28d 抗压、抗折强度分别为 52.2MPa、9.7MPa。

粉煤灰:密度为 2.3g/cm^3,在球磨机中粉磨 60min,测定比表面积为 720m^2/kg,此时需水量比为 98%。

矿渣粉:采用 S95 级矿渣粉,密度为 2.89g/cm^3,在球磨机中粉磨 90min,测定比表面积为 670m^2/kg,此时流动度比为 96%。

建筑垃圾混凝土粉:由废弃混凝土块破碎粉磨而成,比表面积为 710m^2/kg,需水量比为 98%。

建筑垃圾砖粉:所用砖粉由废砖破碎后磨制,比表面积为 690m^2/kg,需水量比为 100%。

(2) 试验方法

参考《水泥胶砂强度检验方法(ISO 法)》(GB/T 17671—2021)[8]进行胶砂试验。混凝土坍落度和强度试验分别参照《普通混凝土拌合物性能试验方法标准》(GB/T 50080—2016)[9]、《混凝土物理力学性能试验方法标准》(GB/T 50081—2019)[10]。

(3) 超细复合掺合料胶砂配合比与强度

本实验水胶比为0.5，超细复合矿物掺合料在水泥中的添加比例为50%，用水量为225mL，标准砂用量为1350g。水和胶凝材料入锅后，开机慢搅30s，在第二个30s开始时加入标准砂，停拌90s，在第1个15s内用胶皮刮具将叶片和锅壁上的胶砂刮入锅中间。在高速下继续搅拌60s。各个搅拌阶段，时间误差应在±1s以内。

① 矿粉、粉煤灰、红砖粉三掺超细复合掺合料活性指数。

分别改变矿粉、粉煤灰、红砖粉比例制备胶砂试件，测定抗压强度计算不同比例下的活性指数，试验配合比及结果见表5-3。

表5-3 矿粉、粉煤灰、砖粉三组分掺合料胶砂配合比及结果

序号	水泥(g)	矿粉(g)	粉煤灰(g)	红砖粉(g)	7d活性指数(%)	28d活性指数(%)
A1	225	67.5	67.5	90	83.65	93.26
A2	225	67.5	90	67.5	84.5	95.45
A3	225	67.5	112.5	45	86.8	97.58
A4	225	78.75	56.25	90	85.67	96.23
A5	225	78.75	78.75	67.5	87.17	101.26
A6	225	78.75	101.25	45	89.16	103.78
A7	225	90	45	90	88.26	103.25
A8	225	90	67.5	67.5	93.45	105.69
A9	225	90	90	45	95.23	108

由表5-3可知，不断调整矿粉、粉煤灰、红砖粉掺和比例，其7d活性指数均大于80%，28d活性指数均大于90%，随着矿粉掺量的不断提高，超细复合掺合料的活性指数逐渐提高，固定矿粉掺量不变时，随着粉煤灰掺量的逐渐提高，复合粉的活性指数逐渐提高，因此从活性指数角度分析，矿粉＞粉煤灰＞红砖粉，因为三种原材料均为超细粉体，因此其早期反应速度快，28d活性指数较7d活性指数提高幅度较低。

② 矿粉、粉煤灰、混凝土粉三掺超细复合掺合料活性指数。

分别改变矿粉、粉煤灰、混凝土粉比例制备胶砂试件，测定抗压强度计算不同比例下的活性指数，试验配合比及结果见表5-4。

表5-4 矿粉、粉煤灰、混凝土粉三组分掺合料胶砂配合比及结果

序号	水泥(g)	矿粉(g)	粉煤灰(g)	混凝土粉(g)	7d活性指数(%)	28d活性指数(%)
B1	225	67.5	67.5	90	85.26	94.87
B2	225	67.5	90	67.5	87.5	96.52
B3	225	67.5	112.5	45	88.4	98.58
B4	225	78.75	56.25	90	86.25	96.23

续表

序号	水泥(g)	矿粉(g)	粉煤灰(g)	混凝土粉(g)	7d 活性指数(%)	28d 活性指数(%)
B5	225	78.75	78.75	67.5	89.15	104.26
B6	225	78.75	101.25	45	91.85	105.69
B7	225	90	45	90	93.49	107.3
B8	225	90	67.5	67.5	95.87	109.25
B9	225	90	90	45	95.45	113

由表 5-4 可知，不断调整矿粉、粉煤灰、混凝土粉掺和比例，7d 活性指数均大于 85%，28d 活性指数均大于 90%，随着矿粉掺量的不断提高，复合粉的活性指数逐渐提高。固定矿粉掺量不变时，随着粉煤灰掺量的逐渐提高。复合粉的活性指数逐渐提高，结合表 5-3 试验数据可知，同配比下掺和混凝土粉活性指数高于掺和红砖粉活性指数。因此从活性指数角度分析，矿粉＞粉煤灰＞混凝土粉＞红砖粉。

5.3.2 混凝土试验研究

混凝土设计强度为 C30，选定一个基础配合比为 $m_{co}=410 \text{kg/m}^3$，$m_{wo}=205 \text{kg/m}^3$，$m_{so}=714 \text{kg/m}^3$，$m_{go}=1071 \text{kg/m}^3$，聚羧酸高效减水剂=6.15kg/m³，在此基础上加入超细复合掺合料，砂率及用水量保持不变。

（1）选取试验配比 A7、A8、A9，将超细复合掺合料掺入胶凝材料之中，占胶凝材料总量的 30%，水泥占 70%，测定混凝土坍落度及 3d、7d、28d 抗压强度，试验结果见表 5-5。

表 5-5 不同比例时的混凝土工作性和强度

序号	矿:粉:砖	坍落度(mm)	3d 抗压强度(MPa)	7d 抗压强度(MPa)	28d 抗压强度(MPa)
C1	—	200	30.68	39.36	45.32
C2	40:20:40	210	31.66	38.56	45.58
C3	40:30:30	224	32.58	40.15	48.57
C4	40:40:20	235	33.76	42.19	52.50

由表 5-5 可知，在混凝土中加入矿物掺合料较未加之前混凝土坍落度增大，超细复合掺合料的颗粒粒径较小，较好地填充了水泥颗粒之间的空隙，置换出水泥颗粒空隙里面的自由水，从而使得拌和物中的自由水含量增加，黏度降低，改善了混凝土的流动性；改变超细复合掺合料比例，随着矿粉掺量的提高，混凝土抗压强度均随之提高，且均高于未加掺合料时，矿物掺合料化学成分中有大量活性 SiO_2 及 Al_2O_3，在潮湿的环境中与 $Ca(OH)_2$ 等碱性物质发生化学反应，生成水化硅酸钙、水化铝酸钙等胶凝物质，对混凝土能起到增强作用且能堵塞其中的毛细孔，增加混凝土的密实度，提高混凝土的

耐久性能。

（2）选取试验配比 A9 掺入混凝土中，此时矿粉与粉煤灰与红砖粉比例为 40∶40∶20，分别改变超细复合掺合料占胶凝材料总量的比例为 30%、40%、50%。测定混凝土坍落度及 3d、7d、28d 抗压强度。试验结果见表 5-6。

表 5-6　不同掺量时的混凝土工作性和强度

序号	在胶凝材料中掺加比例（%）	坍落度（mm）	3d 抗压强度（MPa）	7d 抗压强度（MPa）	28d 抗压强度（MPa）
D1	0	200	30.68	39.36	45.32
D2	30	235	33.76	42.19	52.50
D3	40	241	28.21	39.54	48.99
D4	50	236	27.23	36.12	47.08

由表 5-6 可知，随着超细复合掺合料比例的增加，混凝土坍落度先增加后减少，其抗压强度逐渐降低，但 28d 抗压强度依然均高于未加矿物掺合料时。过多的矿物掺合料导致水泥用量减少，水化产物变少，不能与多余的掺合料反应，同时，用水量不变时，水泥较少，"实际水灰比"增大，造成早期强度降低；适当的超细掺合料颗粒填满水泥颗粒之间的空隙后，多余的超细掺合料颗粒反而会吸附拌和物中的自由水，导致拌和物的黏度开始增大。

参考文献

[1] 石容艳．大掺量复合矿物掺合料高性能桩基混凝土性能研究及工程应用［J］．国防交通工程与技术，2021，19（1）：84-88．

[2] 李秋义，全洪珠，秦原．再生混凝土性能与应用技术［M］．北京：中国建材工业出版社，2010：10．

[3] 朱崇绩．再生骨料强化对再生混凝土性能的影响［D］．青岛：青岛理工大学，2007．

[4] 袁润章．胶凝材料学［M］．2 版．武汉：武汉理工大学出版社，2005．

[5] 孟姗姗，淘珍东，郑少华，等．废弃混凝土中基质胶凝组分作水泥混合材料的研究［J］．新世纪水泥导报，2006（3）：28～31．

[6] 国家市场监督管理总局，国家标准化管理委员会．建设用砂：GB/T 14684—2022［S］．北京：中国标准出版社，2022：11．

[7] 中华人民共和国住房和城乡建设部．普通混凝土长期性能和耐久性能试验方法标准：GB/T 50082—2009［S］．北京：中国建筑工业出版社，2010：7．

[8] 国家市场监督管理总局，国家标准化管理委员会．水泥胶砂强度检验方法（ISO 法）：GB/T 17671—2021［S］．北京：中国标准出版社，2021：12．

[9] 中华人民共和国住房和城乡建设部．普通混凝土拌和物性能试验方法标准：GB/T 50080—20216［S］．北京：中国建筑工业出版社，2017：4．

[10] 中华人民共和国住房和城乡建设部，国家市场监督管理总局．混凝土物理力学性能试验方法标准：GB/T 50081—2019［S］．北京：中国建筑工业出版社，2019：12．

6 再生水泥生产工艺

6.1 再生水泥生产工艺设计

郑州鼎盛工程技术有限公司针对各种原料的不同性能，分别设计了再生微粉预粉磨生产工艺，矿粉、粉煤灰、微粉混合料（掺合料）粉磨生产工艺，绿色胶凝材料复合生产工艺，具体工艺介绍如下。

本节所介绍的生产工艺包括再生微粉的预粉磨工艺，将再生微粉与矿粉、粉煤灰复合粉磨制备混合料作为超细复合矿物掺合料的工艺，在超细复合掺合料中复配一定的激发剂即可制备绿色胶凝材料的生产工艺。

6.1.1 再生微粉工艺设计

年产 10 万 t 建筑垃圾再生微粉生产工艺如图 6-1 所示。

（1）项目规模

该项目总占地面积 1080m^2，建筑面积约 648m^2，包含一个原料仓、一套除尘设备、一套烘干设备、球磨机粉磨车间、一个砖粉成品仓及一套辅助设备，总装机功率约 505kW。

（2）工作原理

料仓内≤20mm 的砖粒通过皮带输送机传送至分离分拣系统，挑选出其中的轻杂质，洁净的砖粒再通过皮带输送机传送至磨头仓内，经过烘干机烘干，在球磨机中研磨到比表面积为 200m^2/kg，经过研磨后的砖粉直接由斗式提升机提升至成品仓进行储存。其中，经过收尘器存储的粉体通过螺旋输送机传送至斗式提升机进料口，和砖粉一起输送至砖粉成品仓内。

（3）工艺参数

郑州鼎盛工程技术有限公司通过对球磨机中的衬板、隔仓板、出料装置及研磨体级配、料球比、填充率、风速等参数进行创新设计和制造，改善了研磨体运动轨迹，优化了整个粉磨系统。传统球磨机研磨体只有径向运动，按照本技术设计的超细球磨机研磨体既可径向运动，又可轴向运动，大大提高了粉磨效率。物料一次受磨时间是普通球磨机的 1.5 倍。长期连续粉磨作业磨内温升小，出磨物料温度低于 95℃，微细粉不易结团，粉磨细度易于控制[1-2]。

6 再生水泥生产工艺

本工艺不仅适用于砖粉的预粉磨，还可用于粉煤灰、矿渣、钢渣、钒钛矿渣、炉底渣、赤泥、石膏等各种工业废渣的预粉磨。具体工艺参数见表6-1，生产工艺见图6-1。

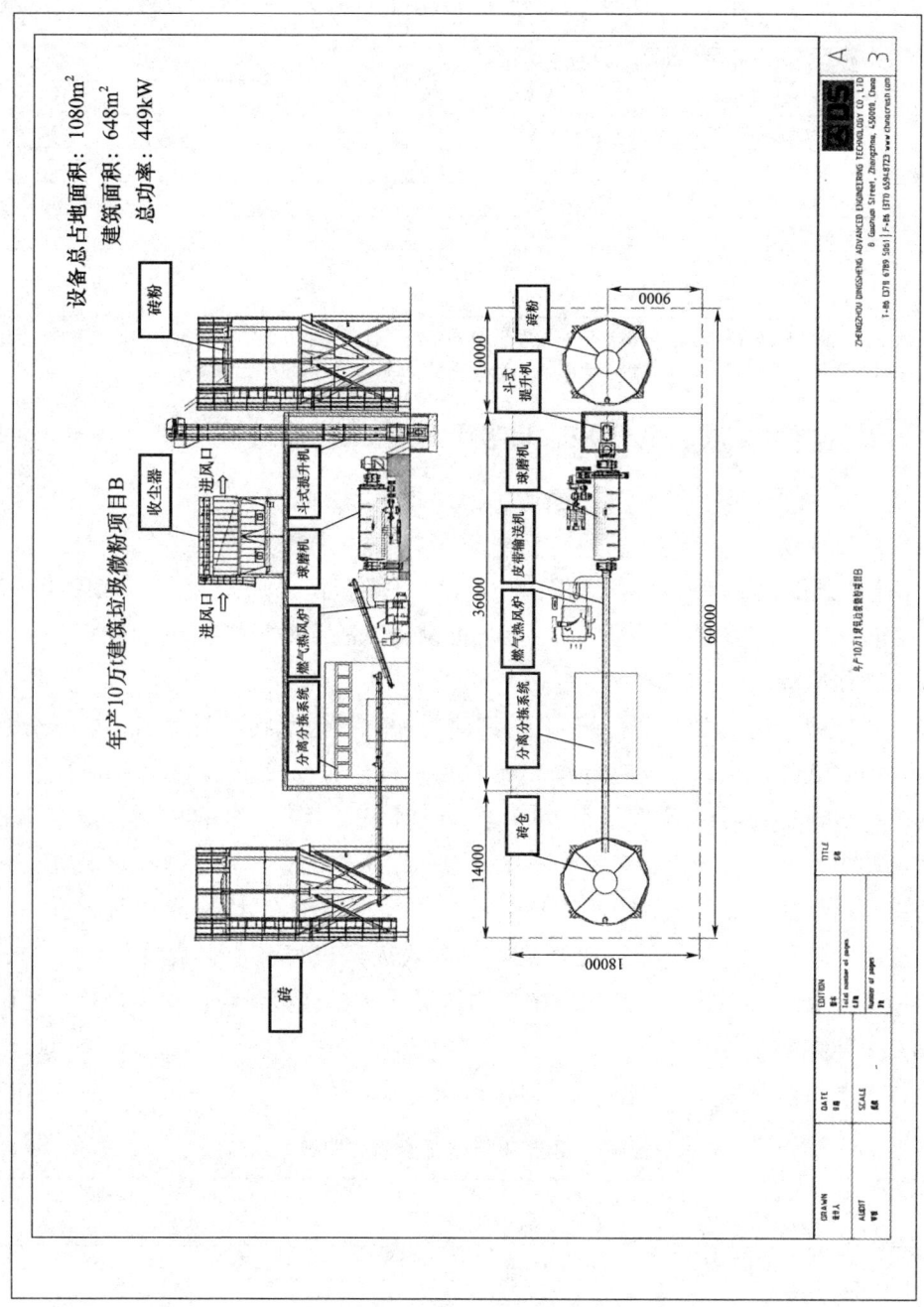

图6-1 年产10万t建筑垃圾再生微粉生产工艺

表 6-1 年产 10 万 t 再生微粉工艺参数

序号	名称	设备型号及参数	数量（台）	单机功率（kw）
1	砖仓	1000m³	1	—
2	1号皮带输送机	B650×10m	1	5
3	2号皮带输送机	B650×10m	1	5
4	分离分拣系统	暂定	1	—
5	煤气热风炉	ϕ3m×15m	1	56
5	球磨机	ϕ2.2m×7m	1	380
6	收尘器	LPF64-6	1	37
7	斗式提升机	TH400×24m	1	22
8	成品仓	1000m³	1	—
9	合计		8	505

注：该工艺去除分离分拣环节后可用来单独粉磨矿粉、赤泥、石膏等，在此统一表示。因原料种类及出料要求不同，球磨机内部衬板、隔仓板、研磨体、出料装置等具体参数不再一一叙述。

6.1.2 混合料（矿粉、粉煤灰、砖粉）粉磨工艺设计

年产 30 万 t 混合料（掺合料）生产工艺如图 6-2 所示。

（1）项目规模

设备总占地面积 1530m²，建筑面积约 648m²，主要包含三个原料仓、一套除尘设备、球磨机粉磨车间、一个混合料成品仓以及一套辅助设备，总装机功率约 2171.5kW。

（2）工作原理

经过预粉磨，比表面积 200m²/kg 的红砖粉此时作为原料与粉煤灰、矿粉分别储存在原料仓内（红砖粉成品仓同时可作为此时的原料仓），通过螺旋输送机分别连接三个料仓的出料口，下料时根据提前设定的比例均匀下料，将三种粉料分别传送至斗式提升机入料口位置，斗式提升机将三种粉料提升至球磨机进料仓内，缓存在进料仓的粉料经过球磨机研磨到比表面积为 400~750m²/kg（可根据需求设计）。经过研磨后的混合料直接通过螺旋输送机传送至斗式提升机，由斗式提升机将混合料提升至成品仓进行储存。其中经过收尘器存储的粉尘通过螺旋输送机传送至进料仓内，和混合料一起研磨。

（3）工艺参数

具体工艺参数见表 6-2，生产工艺见图 6-2。

表 6-2 年产 30 万 t 混合料工艺参数

序号	名称	设备型号及参数	数量（台）	单机功率（kW）
1	砖粉仓	2000m³	1	—
2	粉煤灰仓	2000m³	1	—
3	矿粉仓	2000m³	1	—
4	1号螺旋输送机	LS800×35m	1	22
5	1号斗式提升机	TH500×12m	1	18.5
6	进料仓	100m³	1	—
7	球磨机	ϕ3.5m×13m	1	2000
8	收尘器	LPF128-7	1	75
9	2号螺旋输送机	LS800×14m	1	11

续表

序号	名称	设备型号及参数	数量（台）	单机功率（kW）
10	2号斗式提升机	TH500×30m	1	45
11	成品仓	2000m³	1	—
12	合计		11	2171.5

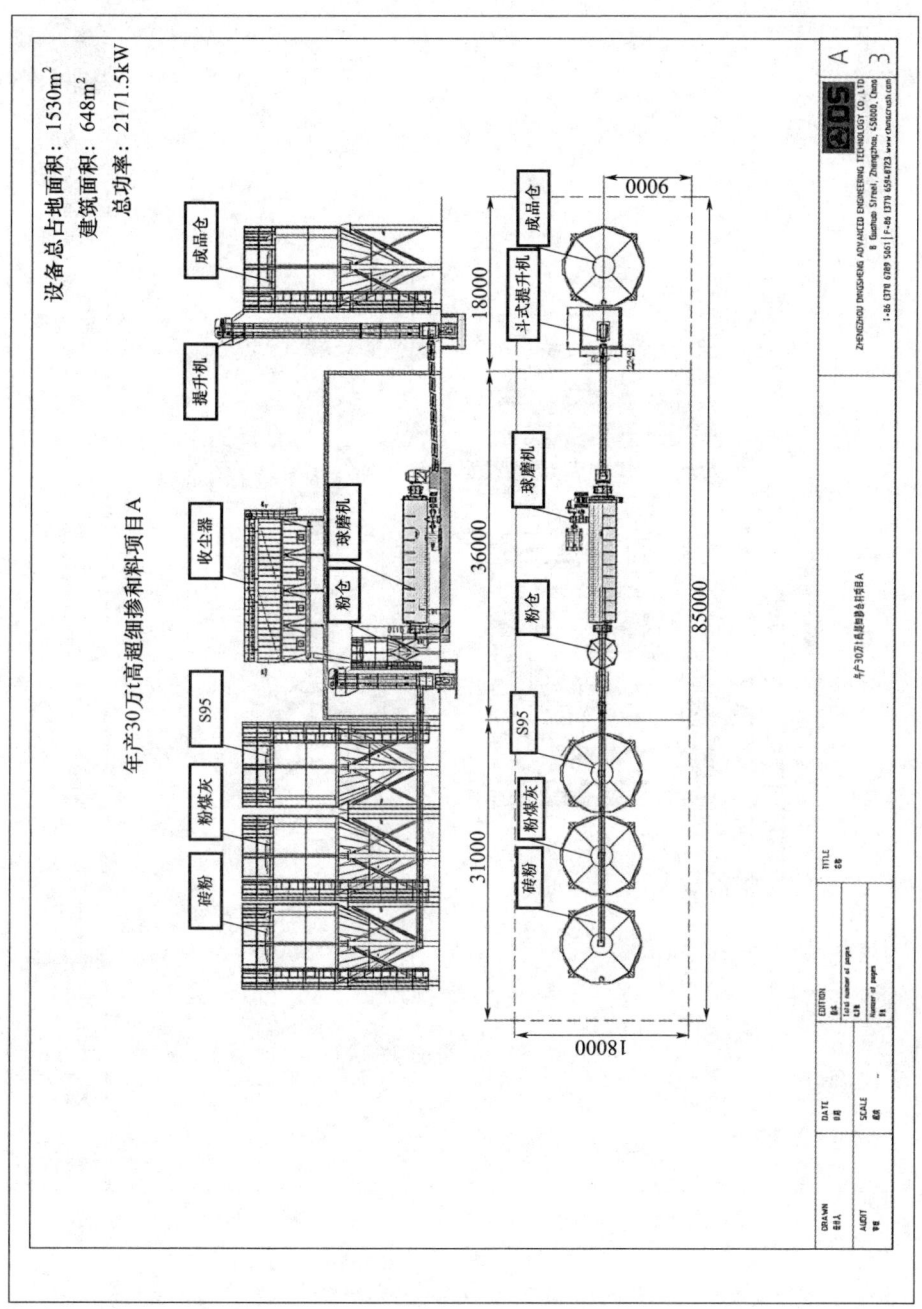

图6-2 年产30万t混合料生产工艺

6.1.3 再生水泥工艺设计

年产 10 万 t 再生水泥生产工艺如图 6-3 所示。

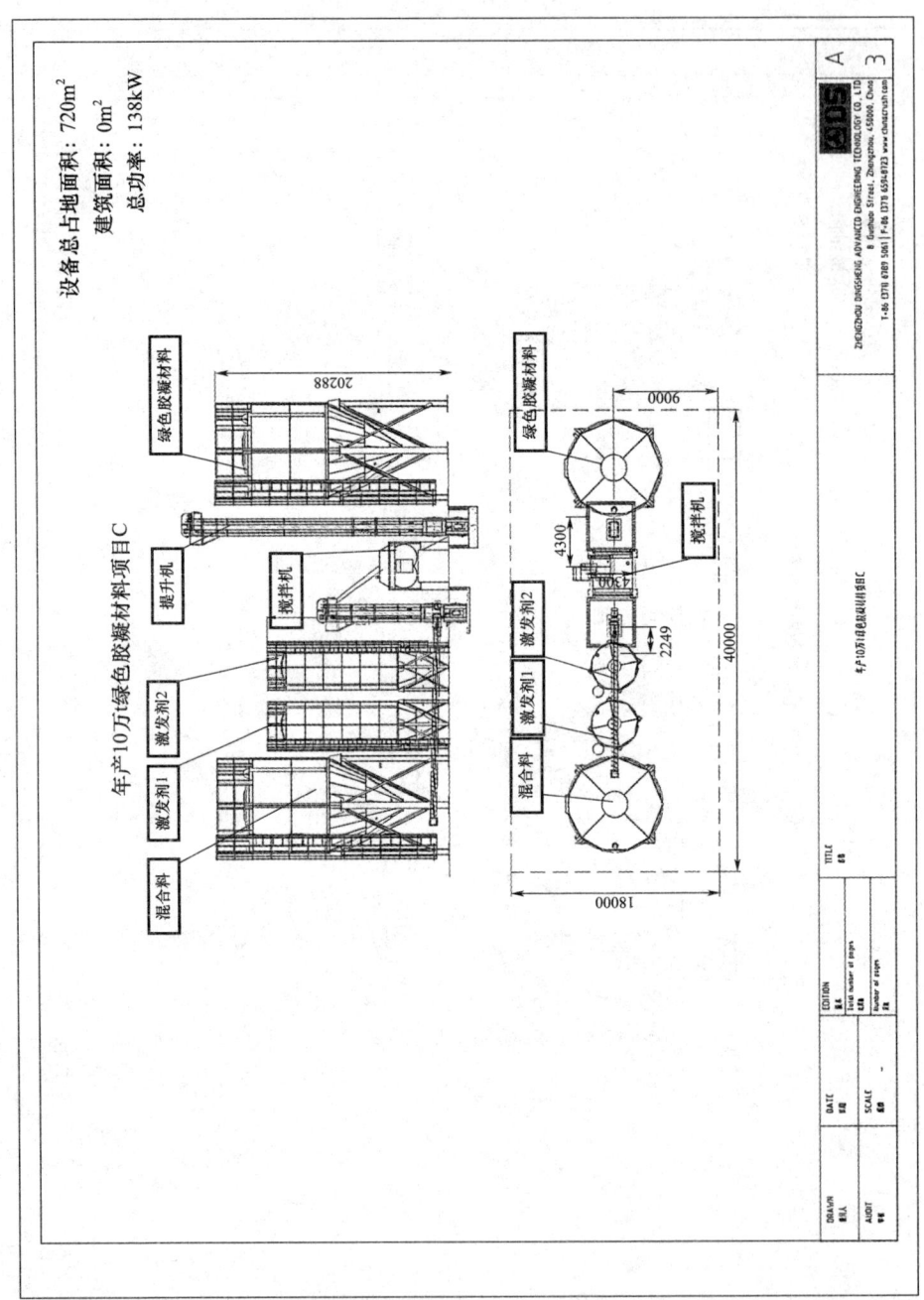

图 6-3 年产 10 万 t 混合料生产工艺

(1) 项目规模

年产 10 万 t 再生水泥复配站设备总占地面积 720m²，主要包含三个原料仓、一个绿色胶凝材料成品仓以及一套辅助设备，总装机功率约138kW。

(2) 工作原理

将混合料、激发剂1、激发剂2分别储存在原料仓内，通过螺旋输送机分别连接三个料仓的出料口，经过螺旋输送机将三种混合料通过搅拌机拌和后传送至斗式提升机入料口位置，斗式提升机将三种混合料提升至绿色胶凝材料仓进行储存。

(3) 工艺参数

具体工艺参数见表6-3。

表6-3 年产10万t再生水泥工艺参数

序号	名称	设备型号及参数	数量（台）	单机功率（kW）
1	混合料	1000m³	1	—
2	激发剂1仓	130m³	1	—
3	激发剂2仓	130m³	1	—
4	1号螺旋输送机	GX400×26m	1	15
5	1号斗式提升机	TH400×24m	1	22
6	2号斗式提升机	TH400×11m	1	11
7	拌和机	WZ-12m³	1	90
8	成品仓	1000m³	1	—
9	合计		8	138

6.2 低碳水泥生产工艺设计

6.2.1 工艺设计

本节基于第4章分别粉磨制备低碳水泥的设计理念，将建筑固废及工业固废结合各自工艺经分别粉磨后与水泥熟料进行精准的配比与充分的均化，最后配制成低碳水泥。具体生产工艺设计不同于6.1节的复合掺合料与再生水泥设计理念，但从根源上均属于建筑垃圾及工业固废的深度资源化利用。所制备的再生建材产品均符合节能减排、低碳环保的方针政策。其中分别粉磨配制低碳水泥工艺如下。

建筑垃圾由成品"堆棚"直接输送至生产线，矿粉由罐装运输车运至厂内的矿粉库分别储存备用。添加剂由散装运输车运入厂内，存放于添加剂储库中备用。

(1) 硅铝基胶生产工艺

建筑垃圾由装载机分别装入原料仓中。经料斗下方的输送带传送至环辊磨中，经过环辊磨粉磨至比表面积420m²/kg，经斗式提升机输送到料罐中备用，然后和其他储料罐中的矿粉、粉煤灰等粉料经螺旋输送机输送到斗式提升机中，再一起输送到超细球磨机内进行超细粉磨，粉磨至比表面积700m²/kg，最后经斗式提升机输送到料罐中就成为制砖用的硅铝基胶，可单独作为矿物掺合料售卖[3]。

(2) 超高细粉生产工艺

矿粉经过斗式提升机输送到振动磨机内进行超高细粉磨，粉磨至比表面积

1300m²/kg，不合格的由选粉机选出后输送至振动磨内继续粉磨，合格的由斗式提升机输送至成品罐内储存，可单独售卖。

（3）低碳水泥生产工艺

硅铝基胶、超高细粉、储存在料罐内的添加剂经螺旋输送机输送到无重力搅拌机内进行搅拌，然后经斗式提升机输送到成品料罐中，成品为低碳水泥。

低碳水泥生产工艺路线见图6-4，低碳水泥生产线具体参数配置表见表6-4。

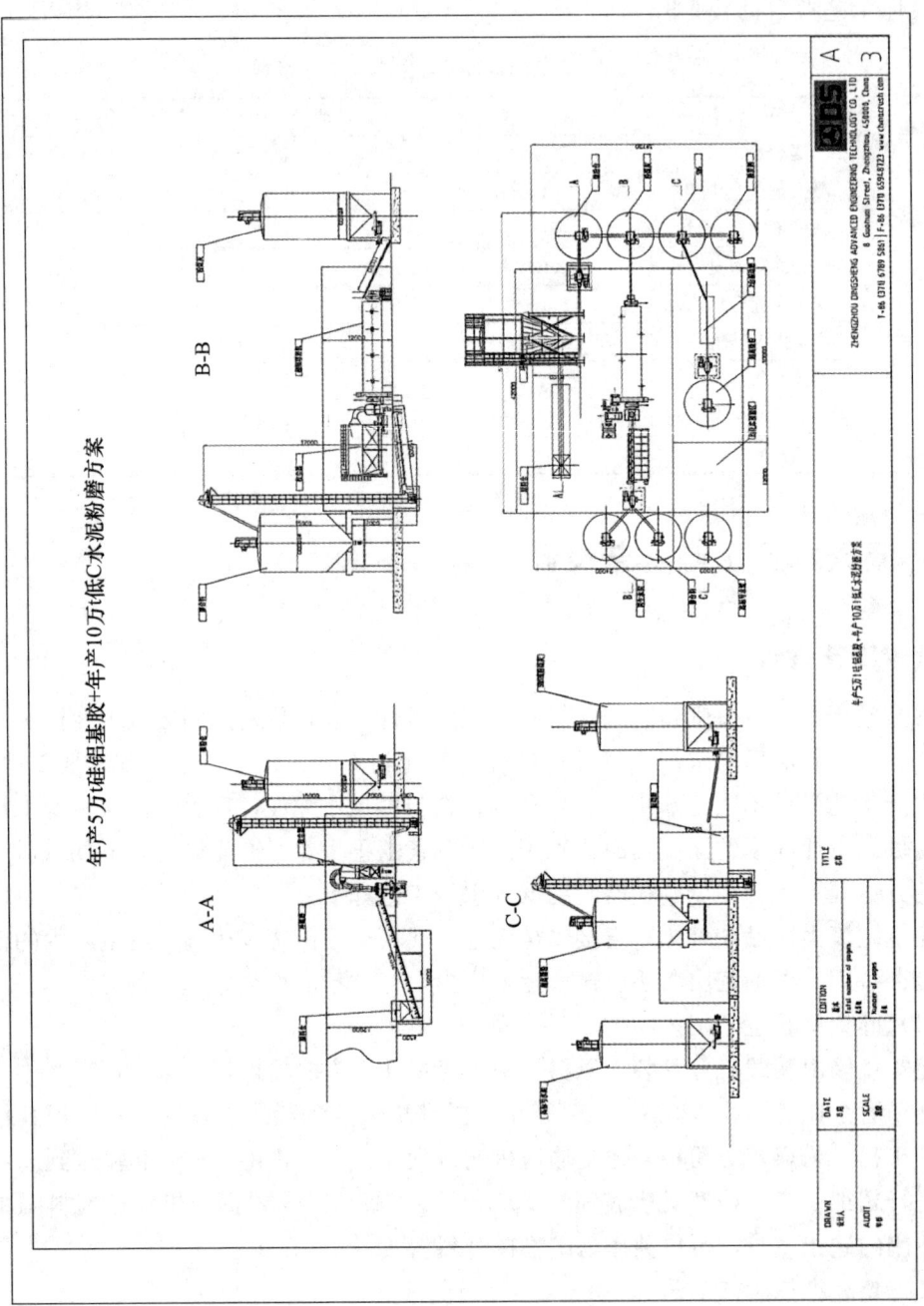

图6-4 低碳水泥工艺路线

6 再生水泥生产工艺

表 6-4 年产 10 万 t 低碳水泥生产工艺参数

系统	序号	名称	型号	数量	单机 (kW)	总计 (kW)
预粉磨	1	原料仓	3m³	1	—	—
	2	棒条阀	400×400	1	—	—
	3	变频皮带	B500×12m	1	4	4
	4	环辊磨系统	HGM1400	1	183.5	183.5
	5	螺旋输送机	LS250×10.5m	1	11	11
	6	斗式提升机	TH250×32m	1	15	15
	7	电控		1	—	—
	8	合计				213.5
终粉磨	1	粉煤灰仓	500m³	1		
	2	矿粉仓	500m³	1		
	3	炉渣粉仓	500m³	1		
	4	仓顶收尘器	MCD-48	5	7.5	37.5
	5	皮带计量秤	B500×2m	3	4	12
	6	皮带输送机	B500×24m	1	7.5	7.5
	7	超细球磨机	$\phi 2.4 \times 14$m	1	800	800
	8	集粉系统		1	30	30
	9	空气斜槽	KXC400×10m	1	3	3
	10	斗式提升机	NE50×37m	1	15	15
	11	空压机	4m³	1	5.5	5.5
	12	掺合料仓	500m³	1		
	13	再生水泥仓	500m³	1		
	14	电控	—	—		
	15	合计				910.5
超高粉磨	1	振动磨	ZM2800	2	220	440
	2	激发剂 2 仓	500m³	1		
	3	仓顶收尘器	MCD-48	1	7.5	7.5
	4	卧式无重力混合机	WZ-10	1	55	55
	5	斗式提升机	NE50×37m	1	15	15
	6	鸳鸯罐	500m³	1		
	7	手动螺旋闸阀	400×400	1		
	8	库底散装机		2	3	6
	9	空压机	4m³	1	5.5	5.5
	10	合计				529
						1653

6.2.2 环境保护设计

本项目的主要污染物为粉尘。对于物料破碎及转动过程中产生的粉尘不可避免，设计上从细节入手，尽量简化流程，减少物料的卸落次数与高度，以减少扬尘点与扬尘量。根据对每个扬尘点的特点，分别采取密闭、负压作业或各种措施相结合的方式来防治。在系统的各扬尘点设置高效布袋收尘器以达到净化排放的目的。

本工程工艺生产过程中不需要生产用水，不产生污水。生活污水纳入市政污水系统，不产生水污染的危害。

本项目工艺生产过程中的收尘风机及罗茨风机设备运行中均会产生部分噪声，最高可达 82~95dB（A），这些设备都在厂房内固定工位，比较零散，主要为空气动力噪声。设计中将考虑采用消声、隔声措施，严格控制，达到不构成厂界以外的噪声污染与危害。同时，在厂区周围植树绿化，乔木与灌木结合种植，既改善和美化了环境，又能减轻厂内噪声对周围环境的传播和影响。本工程在建设实施过程中强化施工管理，严格执行《建筑施工场界环境噪声排放标准》（GB 12523—2011）的有关规定[4]，减少施工机械噪声扰民。

参考文献

[1] 邹伟斌. 论水泥的分别粉磨与配制技术 [J]. 新世纪水泥导报，2021，27（3）：50-58.

[2] 董鲁闽，许勇，代伟林，等. 信阳钢铁年产 80 万 t 矿渣微粉生产线设计 [J]. 矿山机械，2021，49（8）：34-39.

[3] 朱全，韩飞坡，黄鲁. 矿渣立磨生产工艺的动态控制系统研究 [J]. 西昌学院学报（自然科学版），2021，35（3）：43-47.

[4] 中华人民共和国国家质量监督检验检疫总局，中国国家标准化管理委员会. 建筑施工场界环境噪声排放标准：GB 12523—2011 [S]. 北京：中国环境科学出版社，2012：7.

7 再生水泥应用研究

7.1 再生水泥浇筑路面混凝土

在实验室前期研究的基础上，鼎盛公司在荥阳生产基地内部修了一条长300m、宽3m的新型混凝土试验路段，该路每3m×3m划分为一块，共划分为100块，使用建筑垃圾和工业固体废弃物等硅铝质材料经有效手段激发制备再生水泥，然后置换水泥，并通过改变激发剂、工业固废种类及数量不断变换配方，共制备100种配方应用到该路段中。该路面的相关试验与修筑是一种全新的尝试与探索[1]。

7.1.1 方案设计与原材料统计

根据前期大量试验研究，将前期性价比较高、性能优良的胶凝材料配方应用于实际生产之中。实践应用共包括700m^2承重路面和200m^2非承重路面，厚度为200mm，混凝土用量180m^3。计划使用矿渣-粉煤灰碱再生水泥的混凝土占50%，使用矿渣-再生微粉基再生水泥的混凝土占30%，使用水泥复合胶凝材料的混凝土占20%。建设所用原材料用量、规格型号、技术要求见表7-1～表7-3。

表7-1 胶凝材料和激发剂推荐方案

混凝土种类	胶凝材料方案	激发剂配方	
		碱性物质	盐
矿渣-粉煤灰碱再生水泥混凝土	矿渣粉50%＋粉煤灰50%	硅酸盐矿物10%	碳酸盐（2%、3%、4%）、硫酸盐（0.5%、1%、2%、3%）、氯盐（0.5%、1%、2%、3%、4%）、副产品石膏（10%、12.5%），共14种
		氢氧化物4%	碳酸盐（0.5%、1%、2%、3%、4%）、硫酸盐（0.5%、1%、2%、3%、4%）、氯盐（0.5%、1%、2%）、偏硅酸钠盐（0.5%、3%），共15种
	矿渣粉55%＋粉煤灰45%	硅酸盐矿物10%	副产品石膏（10%）、氯盐（2%、3%），共3种
		氢氧化物4%	碳酸盐（0.5%、1%、2%）、硫酸盐（0.5%、1%）、偏硅酸钠盐（0.5%、3%），共7种

续表

混凝土种类	胶凝材料方案	激发剂配方	
		碱性物质	盐
矿渣-粉煤灰碱再生水泥混凝土	矿渣粉60%+粉煤灰40%	硅酸盐矿物10%	碳酸盐（2%、3%、4%）、硫酸盐（0.5%、1%、2%、3%）、氯盐（0.5%、1%、2%、3%、4%）、副产品石膏（10%、12.5%），共14种
		氢氧化物4%	碳酸盐（0.5%、1%、2%、3%、4%）、硫酸盐（0.5%、1%、2%、3%、4%）、氯盐（0.5%、1%、2%），共13种
再生水泥-硅酸盐水泥复合胶凝材料的混凝土	P·O 42.5水泥30%+矿渣粉40%+粉煤灰30%	氢氧化物4%	副产品石膏（5%、10%），共2种
	P·O 42.5水泥40%+矿渣粉30%+粉煤灰30%	氢氧化物4%	副产品石膏（5%、7.5%、10%）、硫酸盐（1%、2%、3%、4%）、氯盐（0.5%、1%、2%、3%），共11种
	P·O 42.5水泥50%+矿渣粉25%+粉煤灰25%	氢氧化物4%	副产品石膏（5%、7.5%、10%）、硫酸盐（1%、2%、3%、4%）、氯盐（0.5%、1%、2%、3%、4%），共12种
矿渣-再生微粉基再生水泥混凝土	矿渣粉50%+再生微粉50%	硅酸盐矿物10%	副产品石膏（10%）、碳酸盐（3%）、氯盐（3%），共3种
		氢氧化物4%	碳酸盐（0.5%、1%、2%、3%）、硫酸盐（1%）、氯盐（0.5%），共6种[2]

表7-2 再生水泥种类和混凝土生产量

混凝土种类	方案数量（个）	每1m³案生产量（m³）	混凝土总量（m³）
矿渣-粉煤灰碱再生水泥混凝土	66	1.8	118.8
再生水泥-硅酸盐水泥复合胶凝材料混凝土	25	1.8	45
矿渣-再生微粉基再生水泥混凝土	9	1.8	16.2

表7-3 主要原材料数量、规格型号及技术要求

序号	原材料名称	规格型号及技术要求	数量（t）
1	粒化高炉矿渣粉	S95级，符合《用于水泥、砂浆和混凝土中的粒化高炉矿渣粉》(GB/T 18046—2017)	33.5
2	粉煤灰	F类Ⅱ级，符合《用于水泥和混凝土中的粉煤灰》(GB/T 1596—2017)	26.5
3	P·O 42.5硅酸盐水泥	符合《通用硅酸盐水泥》(GB 175—2007)	8.0
4	再生微粉	自制，比表面积≥400m²/kg，活性指数≥65%	2.3

续表

序号	原材料名称	规格型号及技术要求	数量（t）
5	机制砂	Ⅱ类中砂，符合《建筑用砂》(GB/T 14684—2022)	75.0
6	碎石	Ⅱ类，5~31.5mm，符合《建筑用卵石、碎石》(GB/T 14685—2022)	160.0
7	硅酸盐矿物	—	2.5
8	氢氧化物	固体，氢氧化物含量≥96%	1.6
9	硫酸盐	一等品，硫酸盐含量≥98.0%	0.40
10	碳酸盐	碳酸盐含量≥98.8%，Ⅱ类一等品	0.37
11	无水氯盐	Ⅰ型，氯盐含量≥94%	0.32
12	五水偏硅酸钠盐	一等品	0.60
13	副产品石膏	自制，烘干并磨细，比表面积≥400m²/kg	0.80

7.1.2 路面混凝土现场浇筑

经过前期试验发现，自落式混凝土搅拌机在搅拌过程中存在前后不均匀的问题，搅拌效率较低。为保证搅拌的均匀性，最终选用JW750型强制搅拌机进行混凝土的搅拌，一次搅拌200~400L，激发剂与矿渣粉、粉煤灰、再生微粉等材料同时加入，先干拌后湿拌，聚羧酸系高性能减水剂在湿拌时加入，萘系高效减水剂在干拌时加入。

搅拌后取样，及时运输到浇筑位置，测试混凝土坍落度，实测坍落度在120~200mm（图7-1），留取强度试样后及时振捣、抹面，并覆盖养护（图7-2）。浇筑过程中用插入式振捣器将所拌混凝土振捣均匀。再生水泥混凝土的现场搅拌、摊铺、振捣、抹面等操作均可采用常规普通水泥混凝土。需要特别注意的是，浇筑完成后要及时覆盖薄膜，并在最上层加盖草袋、塑料布等，避免因水分蒸发过快出现泛霜现象[3]。混凝土路面在拆除模板、去除表面覆盖、切缝等工作后的外观如图7-3所示。

表7-4汇总了施工过程中的部分代表性方案的具体胶凝材料配比、混凝土配方和抗压强度。从表7-4可以看出，再生水泥混凝土早期强度较高，除个别情况外，3d抗压强度（除个别数据外），基本在20MPa以上，28d抗压强度在30~50MPa之间。

图7-1 混凝土坍落度测试

(a) 摊铺、振捣　　　　(b) 抹面

(c) 覆膜　　　　(d) 养护

图 7-2　再生水泥混凝土浇筑过程

 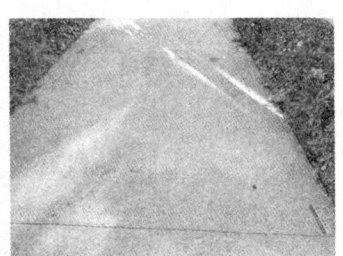

(a) 远景　　　　(b) 近景

图 7-3　再生水泥混凝土路面

表 7-4　再生水泥混凝土部分的现场施工情况汇总

配方（干燥状态）	抗压强度（MPa）		
	3d	7d	28d
矿渣粉 240kg/m³，粉煤灰 192kg/m³，硅酸盐矿物 96kg/m³，氯盐 19.2kg/m³，聚羧酸减水剂 10.6kg/m³，水 175kg/m³，砂率 40%	22.6	29.1	38.7
矿渣粉 240kg/m³，粉煤灰 192kg/m³，硅酸盐矿物 96kg/m³，硫酸盐 19.2kg/m³，聚羧酸减水剂 14.6kg/m³，水 175kg/m³，砂率 40%	26.7	26.1	32.7

续表

配方（干燥状态）	抗压强度（MPa）		
	3d	7d	28d
矿渣粉 240kg/m³，粉煤灰 192kg/m³，硅酸盐矿物 96kg/m³，副产品石膏 24kg/m³，聚羧酸减水剂 12kg/m³，水 175kg/m³，砂率 40%	29.1	32.7	42.0
矿渣粉 288kg/m³，粉煤灰 144kg/m³，硅酸盐矿物 96kg/m³，副产品石膏 24kg/m³，聚羧酸减水剂 12kg/m³，水 175kg/m³，砂率 40%	31.7	35.8	41.3
矿渣粉 336kg/m³，粉煤灰 96kg/m³，硅酸盐矿物 96kg/m³，副产品石膏 24kg/m³，聚羧酸减水剂 12kg/m³，水 175kg/m³，砂率 40%	26.6	37.3	40.7
矿渣粉 336kg/m³，粉煤灰 144kg/m³，硅酸盐矿物 24kg/m³，副产品石膏 96kg/m³，聚羧酸减水剂 12kg/m³，水 175kg/m³，砂率 40%	28.6	28.2	36.3
矿渣粉 336kg/m³，粉煤灰 144kg/m³，硅酸盐矿物 48kg/m³，副产品石膏 48kg/m³，聚羧酸减水剂 9.6kg/m³，水 175kg/m³，砂率 40%	27.4	34.4	36.6
矿渣粉 336kg/m³，粉煤灰 144kg/m³，硅酸盐矿物 72kg/m³，氯盐 19.2kg/m³，聚羧酸减水剂 12kg/m³，水 175kg/m³，砂率 40%	26.3	39.3	43.1
矿渣粉 192kg/m³，粉煤灰 240kg/m³，硅酸盐矿物 96kg/m³，副产品石膏 24kg/m³，聚羧酸减水剂 9.5kg/m³，水 175kg/m³，砂率 40%	33.5	38.7	44.2
矿渣粉 288kg/m³，粉煤灰 168kg/m³，硅酸盐矿物 72kg/m³，副产品石膏 24kg/m³，聚羧酸减水剂 10kg/m³，水 175kg/m³，砂率 40%	32.9	43.3	50.2
矿渣粉 240kg/m³，粉煤灰 192kg/m³，硅酸盐矿物 96kg/m³，氯盐 9.6kg/m³，聚羧酸减水剂 9.6kg/m³，水 175kg/m³，砂率 40%	21.1	38.8	43.7
矿渣粉 240kg/m³，粉煤灰 192kg/m³，硅酸盐矿物 96kg/m³，氯盐 14.4kg/m³，聚羧酸减水剂 9.6kg/m³，水 175kg/m³，砂率 40%	27.1	38.2	44.0
矿渣粉 336kg/m³，粉煤灰 144kg/m³，氢氧化物 19.2kg/m³，硫酸盐 19.2kg/m³ 萘系高效减水剂 4.8kg/m³，水 175kg/m³，砂率 40%	22.9	25.3	34.2
矿渣粉 400kg/m³，粉煤灰 100kg/m³，氢氧化物 20kg/m³，碳酸盐 20kg/m³ 萘系高效减水剂 7.5kg/m³，水 177kg/m³，砂率 38%	20.4	24.0	35.1
矿渣粉 416kg/m³，粉煤灰 104kg/m³，氢氧化物 20.8kg/m³，碳酸盐 20.8kg/m³ 萘系高效减水剂 7.8kg/m³，水 184kg/m³，砂率 36%	20.5	25.7	37.3
矿渣粉 336kg/m³，再生微粉 144kg/m³，氢氧化物 19.2kg/m³，硫酸盐 19.2kg/m³ 萘系减水剂 4.8kg/m³，水 170kg/m³，砂率 40%	16.9	22.3	30.2
矿渣粉 416kg/m³，再生微粉 104kg/m³，氢氧化物 20.8kg/m³，碳酸盐 20.8kg/m³ 萘系高效减水剂 7.8kg/m³，水 184kg/m³，砂率 36%	20.4	24.2	36.3

7.2 再生水泥制备免烧砖

7.2.1 免烧砖成型工艺

利用建筑垃圾和各种工业固废经碱激发手段制备的再生水泥不仅可用于混凝土之中，也可广泛应用于制备免烧砖。在再生水泥化学反应的基础上借助砖机的压力强制成型，从而获得较为理想的强度。制备免烧砖时所用砖机各参数如下：

砖机类型：免托板渣土砖机；

振动频率：2800～3400r/min（变频可调，35～60Hz）；

激振力：180～270kN；

额定工作压力：12～25MPa。

本次中试所制备免烧砖规格为标砖，尺寸为240mm×115mm×53mm。

利用再生水泥制备免烧砖的具体步骤为：备料、称料、搅拌、振压成型、养护。具体流程如下：

（1）按照要求计量配料。

（2）用皮带机输送到料斗，提至自动调湿搅拌机搅拌。

（3）搅拌好的湿料用料斗送至成型机成型（图7-4和图7-5），成型好的湿砖坯用链条输送机送到升板机。

（4）用子母机送到养护窑养护，待砖坯达到一定强度时，用子母车从养护窑取出，送到降板机将砖坯送到链条输送机，送至码垛机进行码坯。

（5）用叉车送到堆场进行养护，养护28d的产品经过检验合格后出厂。

（6）栈板通过链条输送机送到混凝土砌块成型机继续使用。

免烧砖在养护时，如无养护窑，可在静停区自然养护6～12h，然后送到室外成品堆场码垛养护，国标要求养护28d后外运。静停自然养护后制品可堆码4m高度。注意应使用缠绕拉伸膜打包，靠混凝土自身发热水分不会流失，可避免出现泛霜现象。

图7-4　人工布料　　　　　　　　图7-5　成型后的砖坯

7.2.2 配比及结果

分别选取硅酸盐矿物加副产品石膏激发剂系列及氢氧化物加碳酸盐激发剂系列进行制砖中试试验，制备标砖，尺寸为240mm×115mm×53mm。结合搅拌设备，每次搅拌制砖原料150kg。其中，胶凝材料分别占比8％、10％、15％，其余为砂合土（渣土掺加部分石屑）。

(1) 硅酸盐矿物加副产品石膏激发剂系列

本系列中矿粉：粉煤灰＝8∶2，硅酸盐矿物占矿粉与粉煤灰总量的15％，副产品石膏占矿粉与粉煤灰总量的5％。调整胶凝材料比例，制备免烧砖。实心砖配比和检测结果见表7-5和表7-6。

例：总搅拌量为150kg，胶凝材料占总原料的8％时，则总量为12kg，因激发剂掺量较低，掺加时在8％胶凝材料基础上额外加入。砂合土为138kg。

表7-5 P·O 52.2水泥加副产品石膏激发系列时原材料配比表

序号	胶凝材料占比（％）	S95级矿粉（kg）	Ⅱ级粉煤灰（kg）	硅酸盐矿物（kg）	副产品石膏（kg）	砂合土（kg）
1	8	9.6	2.4	1.8	0.6	138
2	10	12	3	2.25	0.75	135
3	15	18	4.5	3.375	1.125	127.5

表7-6 P·O 52.2水泥加副产品石膏激发系列试验结果

序号	胶凝材料占比（％）	干密度（kg·m^{-3}）	3d抗压强度（MPa）	7d抗压强度（MPa）	28d抗压强度（MPa）
1	8	2200	18.31	20.27	23.85
2	10	2180	20.77	24.12	30.91
3	15	2230	23.32	25.73	33.03

从表7-5和表7-6可以看出，当胶凝材料用量在8％～15％范围内时，根据《混凝土实心砖》（GB/T 21144—2023）规定，当砖密度≥2000kg/m³时，密度等级为A级。通过测定，制备的实心砖密度均达到A级标准，3d抗压强度在18～23MPa之间，28d抗压强度在23～33MPa之间，强度等级在MU20～MU30之间。随着胶凝材料掺量的增加，抗压强度逐渐提高，8％～10％增加幅度大于10％～15％增加幅度。

(2) 氢氧化物加碳酸盐激发剂系列

本系列中，矿粉：粉煤灰＝8∶2，工业氢氧化物和工业碳酸盐分别占矿粉与粉煤灰总量的4％。不断调整胶凝材料比例。具体配比及试验结果见表7-7和表7-8。

表7-7 氢氧化物加碳酸盐激发系列时原材料配比表

序号	胶凝材料占比（%）	S95级矿粉（kg）	Ⅱ级粉煤灰（kg）	氢氧化物（kg）	碳酸盐（kg）	砂合土（kg）
4	10	12	3	0.6	0.6	135
5	15	18	4.5	0.9	0.9	127.5

表7-8 氢氧化物加碳酸盐激发系列试验结果

序号	胶凝材料占比（%）	干密度（kg·m^{-3}）	3d抗压强度（MPa）	7d抗压强度（MPa）	28d抗压强度（MPa）
4	10	2150	15.02	20.39	29.13
5	15	2210	18.25	21.85	31.21

从表7-7和表7-8可以看出，当胶凝材料用量在10%～15%范围内时，通过测定，密度达到A级标准，28d抗压强度在29～31MPa之间，强度等级在MU25～MU30之间。通过与表7-7试验数据进行对比，同胶凝材料掺量下，硅酸盐矿物加副产品石膏激发系列强度优于氢氧化物与碳酸盐激发系列。

图7-6为加压测试卸载后标砖外观，图7-7为标砖破碎后截面外观。由图7-6和图7-7可以看出，利用再生水泥制备的砖块内部较为密实，卸载卸压后砖整体不碎，截面较为紧致，抗压强度较高，且砖块外表面并未出现泛霜现象。

图7-6 卸载后的标砖外观未破坏

图7-7 加压破坏后标砖截面

7.3 小结

根据前期的大量试验研究，将前期性价比较高、性能优良的胶凝材料配方主要用于制备路面混凝土及免烧砖中。

（1）在鼎盛公司荥阳生产基地内部修筑一条长300m、宽3m的新型混凝土试验路段，该路每3m×3m划分为一块，共划分为100块，使用硅铝质材料经碱激发制备碱激发胶凝材料来置换水泥，并通过改变激发剂、工业固废种类及数量不断变换配方，共制备100种配方应用到该路段中；路面施工情况总体良好。

（2）不同配比下的碱激发胶凝材料混凝土在现场施工时的整体性能（搅拌、摊铺、抹面）较普通水泥混凝土而言无异常现象，混凝土坍落度在120～200mm之间，28d抗压强度在30～50MPa之间，覆盖养护一定时间后没有出现泛霜现象。

（3）在180～270kN激振力下所制备免烧砖，规格为标砖，尺寸为240mm×115mm×53mm。分别选取P·O 52.5水泥加副产品石膏激发系列及氢氧化物加碳酸盐激发系列进行制砖试验，胶凝材料分别占比8%、10%、15%；根据《混凝土实心砖》（GB/T 21144—2023）测定，密度达到A级标准，抗压强度等级均大于MU20，达到出厂要求。随着胶凝材料掺量的增加，抗压强度逐渐提高；

（4）利用碱激发胶凝材料制备的砖块内部较为密实，卸载卸压后砖整体不碎，截面较为紧致，抗压强度较高，且砖块外表面并未出现泛霜现象，结合之前的成本分析，该胶凝材料用于制砖切实可行且节能环保。

参考文献

[1] 李克亮，杜晓蒙，李敏．低成本碱激发绿色胶凝材料配方优化、性能及其微观结构研究［M］．北京：中国水利水电出版社，2020．
[2] 徐彬，蒲心诚．古代混凝土的卓越耐久性与碱矿渣水泥的发展前景［J］．房材与应用，1997（4）：23-25．
[3] 蒲心诚．碱矿渣水泥与混凝土［M］．北京：科学出版社，2010．